新时代下建筑土木类课程规划教材

辽宁省一流本科课程"BIM应用基础"配套教材

辽宁省普通高等学校校际合作项目"BIM跨专业综合实训平台"配套教材

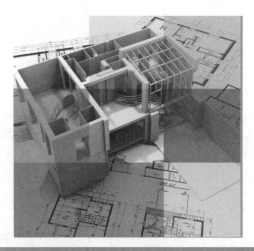

BIM 应用基础
——Revit建筑实战教程

主　编　张玉琢　王烘艳　王庆贺
主　审　张德海

微课版

大连理工大学出版社

图书在版编目(CIP)数据

BIM 应用基础：Revit 建筑实战教程 / 张玉琢，王烘
艳，王庆贺主编. -- 大连：大连理工大学出版社，
2022.2(2024.1重印)
新时代下建筑土木类课程规划教材
ISBN 978-7-5685-3576-2

Ⅰ. ①B… Ⅱ. ①张… ②王… ③王… Ⅲ. ①建筑设
计－计算机辅助设计－应用软件－高等学校－教材 Ⅳ.
①TU201.4

中国版本图书馆 CIP 数据核字(2022)第 020453 号

BIM YINGYONG JICHU—REVIT JIANZHU SHIZHAN JIAOCHENG

大连理工大学出版社出版
地址：大连市软件园路 80 号　邮政编码：116023
发行：0411-84708842　邮购：0411-84708943　传真：0411-84701466
E-mail：dutp@dutp.cn　URL：https://www.dutp.cn
辽宁新华印务有限公司印刷　　　　　大连理工大学出版社发行

幅面尺寸：185mm×260mm　　　印张：18.25　　　字数：443 千字
2022 年 2 月第 1 版　　　　　　　2024 年 1 月第 5 次印刷

责任编辑：孙兴乐　　　　　　　　　　　责任校对：白　露
封面设计：对岸书影

ISBN 978-7-5685-3576-2　　　　　　　　　定　价：59.80 元

编审委员会

前言 ▶ Preface

当前,我国建筑业正面临着前所未有的机遇与挑战,国家提出了创新建筑业发展方式以及促进建筑业转型升级的新要求。建筑信息模型(Building Information Modeling,BIM)技术进入我国建筑和土木工程领域已有十余年,在建筑业的变革中发挥着极为重要的作用。中国建筑业需要利用 BIM 技术实现在规划、设计、施工和运维等各阶段、各专业、各环节的无缝衔接,完成从粗放作业向精细作业的升级,实现从独立工作向协同工作的转变。在此背景下,推广和应用 BIM 技术是降低建造成本、提高建筑质量和运行效率、延长建筑全生命周期的最佳途径,也是我国建筑业实现信息化、工业化的必由之路。

Autodesk Revit 软件专为 BIM 建模而开发,在建筑全生命周期中,该软件能够帮助建造人员在项目设计流程前期探究最新颖的设计概念和建筑外观,能在整个施工文档中真实地传达设计理念,支持可持续设计、碰撞检测、施工规划以及建造,帮助建筑师、工程师、承包商、管理人员等建造人员相互之间进行更好的沟通、协调。

本教材可作为应用型本科院校和高等职业院校的专业教材,还可作为企事业单位 BIM 技术培训教材,也可供 BIM 相关工作的专业人员学习参考。本教材的内容定位为 BIM 的入门教程,主要教授学生使用常见 BIM 建模软件 Revit 进行建筑模型的创建,为后续进一步深入学习或从事相关工作奠定基础。为了满足"以能力为中心"的培养目标,编者同期编写了《BIM 概论》《BIM 应用与建模基础》等系列教材,供相关人员选用,以突破技术的综合应用能力培养,加强实践操作和技能训练。

本教材内容涵盖 BIM 基础知识,Revit 软件基础与案例介绍,项目前期准备与基准图元,墙体与幕墙,柱、门窗与家具,楼板、屋顶与洞口,楼梯、栏杆与坡道,场地设计与设计表现,房间、明细表与图纸,文档输出,构件族,概念体量的创建与应用。

本教材编写团队深入推进党的二十大精神融入教材,充分认识党的二十大报告提出的"实施科教兴国战略,强化现代人才建设支撑"精神,落实"加强教材建设和管理"新要求,在教材中加入思政元素,紧扣二十大精神,围绕专业育人目标,结合课程特点,注重知识传授、能力培养与价值塑造的统一。

本教材随文提供视频微课供学生即时扫描二维码进行观看,同时通过扫描下方二维码可下载本教材相关案例图纸、模型等资料,实现了教材的数字化、信息化、立体化,增强了学生学习的自主性与自由性,将课堂教学与课下学习紧密结合,力图为广大读者提供更为全面且多样化的教材配套服务。

本教材的编写得到了 2020 年辽宁省一流本科课程建设("BIM 应用基础"课程)和辽宁省普通高等学校校际合作项目(资源共享——建筑信息模型(BIM)跨专业综合实训平台)的资助,在此表示深深的感谢。

在编写本教材的过程中,编者参考、引用和改编了国内外出版物中的相关资料以及网络资源,在此表示深深的谢意!相关著作权人看到本教材后,请与出版社联系,出版社将按照相关法律的规定支付稿酬。

限于水平,书中仍有疏漏和不妥之处,敬请各位专家和读者批评指正,以使教材日臻完善。

编　者
2022 年 2 月

所有意见和建议请发往:dutpbk@163.com
欢迎访问高教数字化服务平台:https://www.dutp.cn/hep/
联系电话:0411-84708445　84708462

基础资料

目录 ▶Contents

第1章	BIM 基础知识	1
1.1	建筑业信息化背景	1
1.2	BIM 概念和发展	5
1.3	全过程 BIM 实施简介	11
1.4	BIM 软件简介	15

第2章	Revit 软件基础与案例介绍	20
2.1	Revit 相关术语	21
2.2	界面介绍	26
2.3	基本操作方法	35
2.4	案例介绍	47

第3章	项目前期准备与基准图元	58
3.1	项目前期准备	58
3.2	项目的定位与参照	60
3.3	标高与轴网	65
3.4	案例讲解与训练	77

第4章	墙体与幕墙	84
4.1	创建与编辑墙体	84
4.2	创建与编辑复杂墙	94
4.3	创建与编辑幕墙	97
4.4	案例讲解与训练	102

第5章	柱、门窗与家具	111
5.1	放置与编辑柱构件	112
5.2	放置与编辑门窗	117
5.3	布置家具	121
5.4	案例讲解与训练	125

第6章	楼板、屋顶与洞口	136
6.1	创建与编辑楼板	136
6.2	创建与编辑屋顶	140

6.3　放置洞口 ……………………………………………………………… 144

6.4　创建与编辑天花板 …………………………………………………… 151

6.5　案例讲解与训练 ……………………………………………………… 154

第7章　楼梯、栏杆与坡道 …………………………………………… 167

7.1　基本术语与构造 ……………………………………………………… 167

7.2　创建并编辑楼梯与坡道 ……………………………………………… 169

7.3　案例讲解与训练 ……………………………………………………… 177

第8章　场地设计与设计表现 ………………………………………… 185

8.1　创建与编辑场地 ……………………………………………………… 185

8.2　日光与阴影 …………………………………………………………… 191

8.3　视角、渲染与漫游 …………………………………………………… 197

第9章　房间、明细表与图纸 ………………………………………… 202

9.1　创建房间 ……………………………………………………………… 202

9.2　添加文字、标注与标记 ……………………………………………… 208

9.3　明细表 ………………………………………………………………… 212

9.4　图纸的创建 …………………………………………………………… 215

第10章　文档输出 ……………………………………………………… 222

10.1　导出DWG文件 ……………………………………………………… 222

10.2　导出其他文件与图纸打印 ………………………………………… 227

10.3　案例讲解与训练 …………………………………………………… 233

第11章　构件族 ………………………………………………………… 243

11.1　族概念与族样板 …………………………………………………… 243

11.2　创建族构件 ………………………………………………………… 246

11.3　族分类、参照类型与参数 ………………………………………… 254

第12章　概念体量的创建与应用 ……………………………………… 261

12.1　概念体量与应用场景 ……………………………………………… 262

12.2　创建体量 …………………………………………………………… 265

12.3　体量模型转化实体构件 …………………………………………… 277

参考文献 ………………………………………………………………… 283

第1章

BIM 基础知识

本章重点和教学目标

【本章重点】

(1)BIM 概念和特征

(2)全过程 BIM 实施

(3)BIM 相关软件简介

思政目标

【教学目标】

了解建筑业信息化的发展背景,包括:建筑业信息技术的发展、信息化发展存在的问题、BIM 与信息化之间关系;熟悉 BIM 的概念和特征,包括:BIM 的定义、BIM 发展的"三阶段"和 BIM 的特征;熟悉全过程 BIM 实施,包括:项目规划阶段、项目实施阶段和项目完成阶段;熟悉 BIM 相关软件,包括:BIM 软件分类、BIM 建模软件和 BIM 工具软件。

本章主要介绍 BIM 的基本知识,包括:建筑业信息化的发展背景、BIM 概念和特征、全过程 BIM 实施和 BIM 相关软件介绍,为后续章节的学习和软件实操的训练,奠定一定的 BIM 理论基础。

1.1 建筑业信息化背景

本节知识点

1.1.1 建筑业信息技术的发展

近年来,随着人工智能技术、多媒体技术、可视化技术、网络技术等新兴信息技术的飞速发展及其在工程领域中的广泛应用,信息技术已成为建筑业在21世纪持续发展的命脉。在工程设计行业,CAD技术的普遍运用,已经彻底把工程设计人员从传统的设计计算和绘图中解放出来,可以把更多的精力放在方案优化、改进和复核上,大大提高了设计效率和设计质量,缩短了设计周期。施工企业运用现代信息技术、网络技术、自动控制技术以及信息、网络设备和通信手段,在企业经营、管理、工程施工的各个环节上都实现了信息化,包括信息收集与存储的自动化、信息交换的网络化、信息利用的科学化和信息管理的系统化,提高了施工企业的管理效率、技术水平和竞争力。城市规划、建设中利用人工智能和地理信息系统(Geographic Information System,GIS)技术,提供城市、区域乃至工程项目建设规划的方案制订和决策支持,计算机辅助工程(Computer Added Engineering,CAE)技术也得到了不同程度的发展和应用。当前,工程领域计算机应用的范围和深度也在不断发展,建筑工程CAD正朝着智能化、集成化和信息化的BIM(Building Information Modeling)方向发展,异地设计、协同工作、信息共享的模式正受到广泛的重视。计算机的应用已不再局限于辅助设计,而是扩展到了工程项目全生命期的每一个方向和每一个环节。CAD已经走向BIM,即在工程项目全生命期的每一个方向和每一个环节中全面应用信息处理技术、虚拟现实(Virtual Reality,VR)技术、可视化技术等与BIM相关的支撑技术。

我国BIM标准的制定是从2012年初开始的,提出了分专业、分阶段、分项目的P-BIM概念,将BIM标准的制定分为三个层次,并由标准承担单位中国建筑科学研究院牵头筹资千万元成立了"中国BIM发展联盟",旨在全面推广BIM技术在中国的应用。为了推动中国建筑业信息化的发展,住房和城乡建设部在《2016—2020年建筑业信息化发展纲要》中明确提出,在"十三五"期间基本实现建筑企业信息系统的普及应用,加快建筑信息模型(BIM)等新技术在工程中的应用。

1.1.2 信息化发展存在的问题

信息技术的运用势必会成为改造和提升传统建筑业向技术密集型和知识密集型方向发展的突破口,并带来行业的振兴和创新,提高建筑企业的综合竞争力。中国在多年前就开始建筑行业的信息化改造,到目前为止,已经有很多建筑企业开发了自己的信息管理系统,其中部分管理先进的企业已经初步实现了企业信息化的建设。然而,与国外发达国家和其他行业相比,中国建筑业信息化发展尚存差距。除了在管理体制、基础设施、资金投入和技术人才等方面的问题以外,直接影响信息化应用效果和发展水平的主要原因如下。

1.工程生命期不同阶段的信息断层

在设计企业中,虽然已实现了软件设计和计算机出图,但是行业中各主体间(如业主、设计方、施工方、运营维护方)的信息交流还是基于纸介质,所生成的数据文档在建筑和结构等各专业之间以及其后的施工、监理、物业管理中很少甚至未能得到利用。这种方式导致工程生命期不同阶段的信息断层,造成许多基础工作在各个生产环节中出现重复,降低了生产效率,使成本费用上升。

2.建设过程中信息分布离散

工程项目的参与者涉及多个专业,包括勘测、规划设计、施工、造价、管理等专业,众多参与专业各自独立,而且各专业使用的软件并不完全相同。随着建设规模日益扩大,技术复杂程度不断增加,工程建设的分工越来越细,一项大型工程可能会涉及几十个专业和工种。这种分散的操作模式和按专业需求进行的松散组合,使工程项目实施过程中产生的信息来自众多参与方,形成了多个工程数据源。目前,建筑领域各专业之间的数据信息交换和共享是很不理想的,从而不能满足现代建筑信息化的发展,阻碍了行业生产效率的提高。

3.应用软件中的信息孤岛

工程项目的生命期很长,一项工程从规划开始到最后报废,均属于生命期范围内,这个过程一般持续几十年甚至上百年。在这个过程中免不了会出现业主更替、软件更新、规范变化等情况,而目前行业应用软件只是涉及工程生命期某个阶段的、某个专业的局部应用。在工程项目实施的各个阶段,甚至在一个工程阶段的不同环节,计算机的应用系统都是相互孤立的。这就导致项目初期建立的建筑信息数据随着生命期的发展难以全面交换和共享,从而导致严重的信息孤岛现象。

4.交流过程中的信息损失

当前的设计方法主要是使用抽象的二维图形和表格来表达设计方案和设计结果,这种二维图形、表格中包含了许多约定的符号和标记,用于表示特定的设计含义和专业术语。虽然这些符号和标记为专业技术人员所熟知,但仅仅依赖这些二维图表仍然难以全面描述设计对象的工程信息,更难以表述设计对象之间复杂的关系。同时这些抽象的二维图表所代表的工程意义也难以被计算机语言识别,给计算机自动化处理带来了很大的困难。在工程项目不同阶段传输和交流时,非常容易导致信息歧义、失真和错误,会不可避免地产生信息交流损失,如图 1-1 所示。

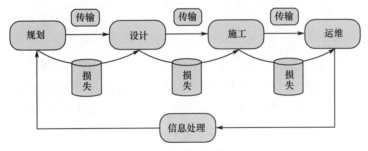

图 1-1　交流过程中的信息损失

5.缺少统一的信息交换标准,信息集成平台落后

目前,建筑领域的应用软件和系统基本上都是一些孤立和封闭的系统,开发时并没有遵循统一的数据定义和描述规范,而以其系统自定义的数据格式来描述和保存系统处理结果。虽然目前也有部分集成化软件能在企业内部不同专业间实现数据的交流和传递,但设计过程中可能出现的各专业间协调问题仍然无法解决。由于缺乏统一的信息交换标准和集成的协同工作平台,信息很难被直接再利用,需要消耗大量的人力和时间来进行数据转换,造成了很长的集成周期和较高的集成成本。

此外,中国建筑业在规划、设计阶段广泛应用的是二维 CAD 技术,部分虽然应用三维 CAD 技术,但现有应用系统的开发都是基于几何数据模型,主要通过图形信息交换格式进行数据交流。这种几何信息集成即使得以实现,所能传递和共享的也只是工程的几何数据,相关的勘探、结构、材料以及施工等工程信息仍然无法直接交流，也无法实现设计、施工管理等过程的一体化。而且各阶段应用系统基本上还是基于静态的二维图形环境或文本操作平台，设计结果和信息表达主要是二维图形与表格，缺乏集成化的工程信息管理平台。

1.1.3　BIM 与信息化

在过去的多年中，计算机辅助设计 CAD 技术的普及和推广使得建筑师、结构工程师得以摆脱手工绘图，走向电子绘图，但是 CAD 毕竟只是一种二维的图形格式，并没有从根本上脱离手工绘图的思路。另外，基于二维图形信息格式容易导致交换过程中产生大量非图形信息的丢失，如图 1-2 所示。这给提高建筑业的生产效率、减少资源浪费、开展协同工作等方面带来很大的障碍。在相当长的一段时间里，建筑工程软件之间的信息交换是杂乱无章的，一个软件必须输出多种数据格式，也就是建立与多种软件之间的接口，而其中任何一个软件的变动，都需要重新编写接口。这种工作量和效率使得很多软件公司都设想能够通过一种共同的模型，来实现各软件之间的信息交换。

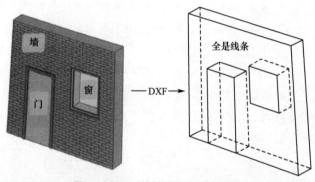

图 1-2　基于二维图形格式交换的缺陷

随着信息技术的不断发展，单纯的二维图像信息已经不能满足人们的需要，人们在进行建筑信息处理的过程中发现许多非图形信息比单纯的图形信息更重要。虽然随着 AutoCAD 版本的不断更新，DWG 格式已经开始承载更多的超出传统绘图纸的功能，但是，这种对 DWG 格式的小范围的改进还远远不够。

自 2002 年以来，随着 IFC(Industry Foundation Classes)标准的不断发展和完善，国际建筑业兴起了围绕 BIM 的建筑信息化的研究。在工程生命期的几个主要阶段，比如规划、设计、施工、运维管理等，BIM 对于改善数据信息集成方法、加快决策速度、降低项目成本和提高产品质量等方面起到了非常重要的作用。同时，BIM 可以促进各种有效信息在工程项目的不同阶段、不同专业间实现数据信息的交换和共享，从而提高建筑业的生产效率，促进整个行业信息化的发展。BuildingSMART 组织的目标是提供一种稳定发展的、贯穿工程生命期的数据信息交换和交互协作模型，图 1-3 中箭头方向为从规划阶段到运维管理等阶段的各种数据信息的发展，其最终宗旨是在建筑全生命期范围内改善信息交流、提高生产力、缩短交付时间、降低成本以及提高产品质量，其数据共享环形图如图 1-4 所示。

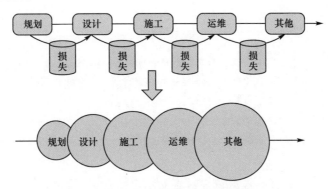

图 1-3　buildingSMART 的目标

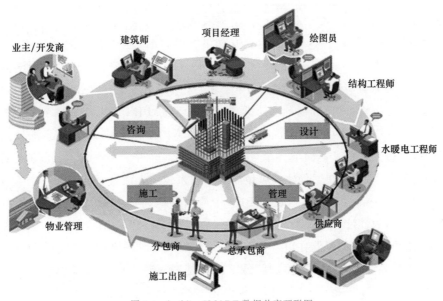

图 1-4　buildingSMART 数据共享环形图

1.2　BIM 概念和发展

本节知识点

1.2.1　BIM 的定义

在前文中,多次出现 BIM 一词,那么 BIM 的含义究竟是什么呢? 我们首先对 BIM 的三种解释加以区别,如表 1-1 所示。

表 1-1　　　　　　　　　　　　　　　　　　BIM 的三种解释

解释	说明
Building Information Model	是建设工程(如建筑、桥梁、道路)及其设施的物理和功能特性的数字化表达,可以作为该工程项目相关信息的共享知识资源,为项目全生命期内的各种决策提供可靠的信息支持
Building Information Modeling	是创建和利用工程项目数据在其全生命期内进行设计、施工和运营的业务过程,允许所有项目相关方通过不同技术平台之间的数据互用在同一时间利用相同的信息
Building Information Management	是使用模型内的信息支持工程项目全生命期信息共享的业务流程的组织和控制,其效益包括集中和可视化沟通、更早进行多方案比较、可持续性分析、高效设计、多专业集成、施工现场控制、竣工资料记录等

　　世界各地的学者对 BIM 有多种定义,美国国家 BIM 标准将其描述为"一种对项目自然属性及功能特征的参数化表达"。因为具有如下特性,BIM 被认为是应对传统 AEC 产业(Architecture,建筑;Engineering,工程;Construction,建造)所面临挑战的最有潜力的解决方案。首先,BIM 可以存储实体所附加的全部信息,这是 BIM 工具得以进一步对建筑模型开展分析运算(如结构分析、进度计划分析)的基础;其次,BIM 可以在项目全生命周期内实现不同 BIM 应用软件间的数据交互,方便使用者在不同阶段完成 BIM 信息的插入、提取、更新和修改,这极大增强了不同项目参与者间的交流合作,并大大提高了项目参与者的工作效率。因此,近年来 BIM 在工程建设领域的应用越来越引人注意。

　　BIM 之父 Eastman 在 2011 年提出 BIM 中应当存储与项目相关的精确几何特征及数据,用来支持项目的设计、采购、制造和施工活动。他认为,BIM 的主要特征是将含有项目全部构件特征的完整模型存储在单一文件里,任何有关于单一模型构件的改动都将自动按一定规则改变与该构件有关的数据和图像。BIM 建模过程允许使用者创建并自动更新项目所有相关文件,与项目相关的所有信息都作为参数附加给相关的项目元件。

　　2016 年,我国国家标准(GB/T 51212—2016)《建筑信息模型应用统一标准》颁布,对BIM 的定义是:建筑信息模型(Building Information Model)在建设工程及设施全生命期内,对其物理和功能特性进行数字化表达,并依此设计、施工、运营的过程和结果的总称,简称模型。

　　现阶段,世界各国对 BIM 的定义仍在不断丰富和发展,BIM 的应用阶段已经扩展到了项目整个生命周期的运营管理。此外,BIM 的应用也不仅仅局限于建筑领域,在基础设施领域也可发挥巨大的作用已是不争的事实。

　　上述列举出世界各地给出的不同 BIM 定义,其实 BIM 的出现和发展离不开我们熟悉的 CAD 技术,BIM 是 CAD 技术的一部分,是二维到三维形式发展的必然过程。目前普遍认可的、较全面的、完善的关于 BIM 的定义,如下:

　　BIM(Building Information Modeling)是以三维数字技术为基础,集成了各种相关信息的工程数据模型,可以为设计、施工和运营提供相协调且内部保持一致的项目全生命周期信息化过程管理。麦克格劳(希尔建筑信息公司,McGraw Hill,2015 年已更名为 Dodge Data

& Analytics)对建筑信息模型的进一步说明为:创建并利用数字模型对项目进行设计、建造及运营管理的过程,即利用计算机三维软件工具,创建建筑工程项目的完整数字模型,并在该模型中包含详细工程信息,能够将这些模型和信息应用于建筑工程的设计过程、施工管理、物业和运营管理等全建筑生命周期管理(Building Lifecycle Management,BLM)过程中。

1.2.2　BIM 发展的"三阶段"

在计算机和 CAD 技术普及之前,工程设计行业在设计时均采用图板、丁字尺的方式手工完成各专业图纸的绘图工作,这项工作被形象地称为"趴图板"。如图 1-5 所示为手工绘图时代的"趴图板"工作场景。手工绘图时代绘图工作量大、图纸修改和变更困难、图纸可重复利用率低。随着个人计算机的普及以及 CAD 软件的普及,手工绘图的工作方式已逐渐被 CAD 绘图方式所取代。

图 1-5　手工绘图时代的"趴图板"工作场景

"甩图板"是我国工程建设行业 20 世纪 90 年代最重要的一次信息化过程。通过"甩图板"实现了工程建设行业由绘图板、丁字尺、针管笔等手工绘图方式提升为现代化的、高精度的 CAD 制图方式。以 AutoCAD 为代表的 CAD 类工具的普及应用,以及以 PKPM、ANSYS 和 ABAQUS 等为代表的 CAE 工具的普及,极大地提高了工程行业制图、修改和管理效率,提升了工程建设行业的发展水平。图 1-6 为在 AutoCAD 软件中完成的建筑设计的一部分。

复杂化的工程建设项目再次向以 AutoCAD 为主体、以工程图纸为核心的设计和工程管理模式提出了挑战。随着计算机软件和硬件水平的发展,以工程数字模型为核心的全新的设计和管理模式逐步走入人们的视野,于是以 BIM 为核心的软件和方法开始逐渐走进工程领域。

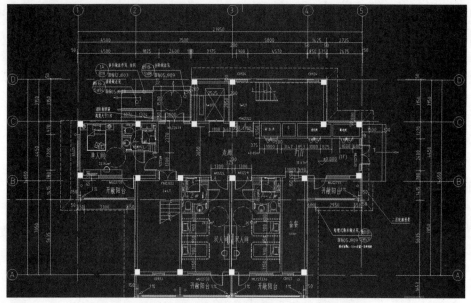

图 1-6　CAD 软件制图

1975 年,佐治亚理工大学 Chuck Eastman 教授在 AIA(美国建筑师协会)发表的论文中提出了一种名为建筑描述系统(Building Description System,BDS)的工作模式,该模式中包含了参数化设计、由三维模型生成二维图纸、可视化交互式数据分析、施工组织计划与材料计划等功能。各国学者围绕 BDS 概念进行研究,后来在美国将该系统称为建筑产品模型(Building Product Models,BPM),并在欧洲被称为产品信息模型(Product Information Models,PIM)。经过多年的研究与发展,学术界整合 BPM 与 PIM 的研究成果,提出建筑信息模型的概念。1986 年由现属于 Autodesk(欧特克)研究院的 Robert Aish 最终将其定义为建筑模型(Building Modeling),并沿用至今。

2002 年,时任 Autodesk 公司副总裁的菲利普·伯恩斯坦(Philip G.Bernstein)首次将 BIM 概念商业化随 Autodesk Revit 产品一并推广。图 1-7 为在 Autodesk Revit 软件中进行建筑设计的场景。与 CAD 技术相比,基于 BIM 技术的软件已将设计提升至所见即所得的模式。

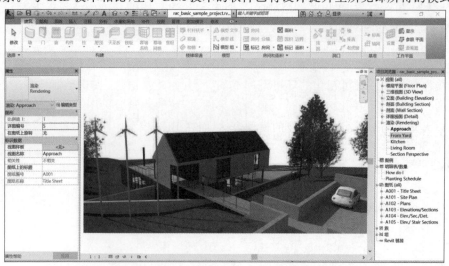

图 1-7　在 Autodesk Revit 软件中进行建筑设计

利用 Revit 软件进行设计，可由三维建筑模型自动产生所需要的平面图纸、立面图纸等所有设计信息，且所有的信息均通过 Revit 自动进行关联，大大增强了设计修改和变更的效率，因此人们认为 BIM 技术是继建筑 CAD 之后下一代的建筑设计技术。在 CAD 时代，设计师需要分别绘制出不同的视图，当其中一个元素改变时，其他与之相关的元素都要逐个修改。比如当我们需要改变其中一扇门的类型时，CAD 需要逐个修改平面、立面、剖面等相关图纸。而 BIM 中的不同视图是从同一个模型中得到的，改变其中一扇门的类型时只需要在 BIM 模型中修改相应的构件就行了，BIM 实现的就是高度统一与自动化每个单项的调整，不再需要设计师逐个修改，只需修改唯一的模型。用图形来表示 CAD 与 BIM 的关系，如图 1-8 所示，CAD 做 CAD 的事情，BIM 做 BIM 的事情，中间过渡部分就是 BIM 建立在 CAD 平台上的专业软件应用。如图 1-9 所示为理想的 BIM 环境，这个时候 CAD 能做的事情就是 BIM 能做的事情的一个子集。

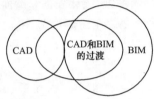
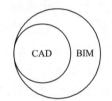

图 1-8　CAD 与 BIM 的关系　　　　图 1-9　理想的 BIM 环境

1.2.3　BIM 的特征

从狭义 BIM 的理解来看，是类似于 Revit 这样的对于 CAD 系统应用的替代。从广义 BIM 的理解角度出发，BIM 是建筑全生命周期的管理方法，具有数据集成、建筑信息管理的作用。无论从哪个角度来理解，BIM 具有可视化、协调性、模拟性、优化性和可出图性五大特点，如图 1-10 所示。

图 1-10　BIM 的五大特点

（1）模型操作的可视化

三维模型是 BIM 技术的基础，因此可视化是 BIM 显而易见的特征。在 BIM 软件中，所有的操作都是在三维可视化的环境下完成的，所有的建筑图纸、表格也都是基于 BIM 模型生成的。BIM 的可视化区别于传统建筑效果图，传统的建筑效果图一般仅针对建筑的外观或入户大堂等局部进行部分专业的模型表达，而在 BIM 模型中将提供包括建筑、结构、暖通、给排水等在内的完整的真实的数字模型，使建筑的表达更加真实，建筑可视化更加完善。

BIM 技术可视化操作以及可视化表达方式，将原本 2D 的图纸用 3D 可视化的方式展示出设施建设过程及各种互动关系，有利于提高沟通效率、降低成本和提高工程质量。

（2）模型信息的完备性

除了对工程对象进行 3D 几何信息和拓扑关系的描述，还包括完整的工程信息描述，如对象名称、结构类型、建筑材料、工程性能等设计信息，施工工序、进度、成本、质量以及人力、机械、材料资源等施工信息，工程安全性能、材料耐久性能等维护信息，对象之间的工程逻辑关系等。

信息的完备性还体现在创建建筑信息模型的过程中,设施的前期策划、设计、施工、运营维护各个阶段都被连接起来,把各个阶段产生的信息都存储在 BIM 模型中,使得 BIM 模型的信息不是单一的工程数据源,而是包含设施的所有信息。

信息完备的 BIM 模型可以为优化分析、模拟仿真、决策管理提供有力的基础支撑,例如体量分析、空间分析、采光分析、能耗分析、成本分析、碰撞检查、虚拟施工、紧急疏散模拟、进度计划安排、成本管理等。

(3)模型信息的关联性

信息模型中的对象是可识别且相互关联的,系统能够对模型的信息进行统计和分析,并生成相应的图形和文档。如果模型中的某个对象发生变化,与之关联的所有对象都会随之更新,以保持模型的完整性。

利用 BIM 技术可查看该项目的三维视图、平面图纸、统计表格和剖面图纸,并把所有这些内容都自动关联在一起,存储在同一个项目文件中。在任何视图(平面、立面、剖面)上对模型的任何修改,都是对数据库的修改,会同时在其他相关联的视图或图表上进行更新并显示出来。

这种关联还体现在构件之间可以实现关联显示。例如门窗都是开在墙上的,如果把墙进行平移,墙上的窗也会跟着平移;如果将墙删除,墙上的门窗也会同时被删除,而不会出现门窗悬空的现象。这种关联显示、智能互动表明了 BIM 技术能够支持对模型信息进行分析、计算,并生成相关的图形及文档。信息的关联性使 BIM 模型中各个构件及视图具有良好的协调性。

(4)模型信息的一致性

在建筑生命期的不同阶段模型信息是一致的,同一信息不需要重复输入,而且信息模型能够自动演化,模型对象在不同阶段可以简单地进行修改和扩展,而不需要重新创建,避免了信息不一致的错误。

同时 BIM 支持 IFC 标准数据,可以实现 BIM 技术平台各专业软件间的强大数据互通,可以轻松实现多专业协同设计。利用 BIM 设备管线功能,基于三维协同设计模式创建水电站房内部机电设计模型。在设计过程中,机电工程师直接导入,由土建工程师使用创建的厂房模型实现三维协同设计,并最终由机电工程师利用软件的视图和图纸功能完成水电站设计所需要的机电施工图纸,从而确保了各专业模型的信息一致。

模型信息一致性也为 BIM 技术提供了一个良好的信息共享环境,BIM 技术的应用打破了项目各参与方不同专业之间或不同品牌软件信息不一致的窘境,避免了各方信息交流过程的损耗或者部分信息的丢失,保证信息自始至终的一致性。

(5)模型信息的动态性

模型信息能够自动演化,动态描述生命期各阶段的过程。BIM 将涉及工程项目的全生命周期管理的各个阶段,在工程项目全生命周期管理中,根据不同的需求可划分为 BIM 模型创建、BIM 模型共享和 BIM 模型管理三个不同的应用层面。

模型信息的动态性也说明了 BIM 技术的管理过程,在整个过程中不同阶段的信息动态输入输出,逐步完善 BIM 模型创建、BIM 模型共享应用、BIM 模型管理应用的三大过程。

BIM 技术改变了传统建筑行业的生产模式,利用 BIM 模型在项目全生命周期中实现信息共享、可持续应用、动态应用等,为项目决策和管理提供可靠的信息基础、降低项目成本、提高项目质量和生产效率,进而为建筑行业信息化发展提供有力的技术支持。

(6)模型信息的可扩展性

由于 BIM 模型需要贯穿设计、施工与运维的全生命周期,而不同的阶段不同角色的人会需要不同的模型深度与信息深度,需要在工程中不断更新模型并加入新的信息。因此,BIM 的模型和信息需要在不同的阶段具有一定深度并具有可扩展和调整的能力。我们把不同阶段的模型和信息的深度称为"模型深度等级"(Level of Detail,LOD),通常用 100～500 代表不同阶段的深度要求,并可在工程的进行过程中不断细化加深。

1.3 全过程 BIM 实施简介

本节知识点

1.3.1 概述

项目 BIM 实施与应用指的是基于 BIM 技术对项目进行信息化、集成化及协同化管理的过程。引入 BIM 技术,将从建设工程项目的组织、管理的方法和手段等多个方面进行系统的变革,实现理想的建设工程信息积累,从根本上消除信息的流失和信息交流的障碍。

应用 BIM 技术,能改变传统的项目管理理念,引领建筑信息技术走向更高层次,从而大大提高建筑管理的集成化程度。从建筑的设计、施工、运营,直至建筑全生命周期的终结,各种信息始终整合于一个三维模型信息数据库中,BIM 技术可以轻松地实现集成化管理,如图 1-11 所示。

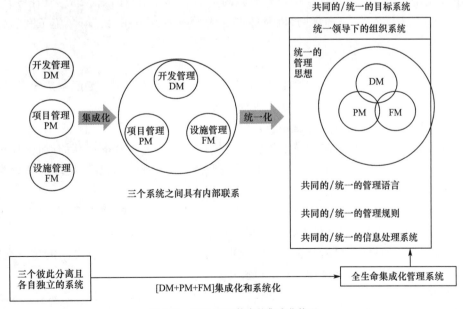

图 1-11　基于 BIM 技术的集成化管理

应用 BIM 技术,可为工程提供数据后台的巨大支撑,可以使业主、设计院、顾问公司、施工总承包、专业分包、材料供应商等众多单位在同一个平台上实现数据共享及协同工作,使沟通更为便捷、协作更为紧密、管理更为有效,从而革新了传统的项目管理模式。BIM 在项目管理中的工作模式如图 1-12 所示。

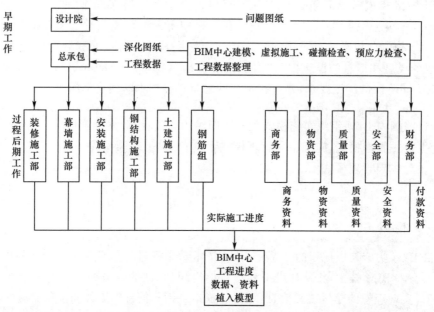

图 1-12 BIM 在项目管理中的工作模式

1.3.2 项目规划阶段

1.项目 BIM 实施目标制定

BIM 实施目标即在建设项目中将要实施的主要价值和相应的 BIM 应用(任务)。这些 BIM 目标必须是具体的、可衡量的,以及能够促进建设项目的规划、设计、施工和运营成功进行的。

2.BIM 目标可分为两大类

(1)第一类项目目标,包括缩短工期、更高的现场生产效率、通过工厂制造提升质量、为项目运营获取重要信息等。项目目标又可细分为以下两类:

①与项目的整体表现有关,包括缩短项目工期、降低工程造价、提升项目质量等,例如关于提升质量的目标包括通过能量模型的快速模拟得到一个能源效率更高的设计、通过系统的 3D 协调得到一个安装质量更高的设计、通过开发一个精确的记录模型改善运营模型建立的质量等。

②与具体任务的效率有关,包括利用 BIM 模型更高效地绘制施工图、通过自动工程量统计更快做出工程预算、减少在物业运营系统中输入信息的时间等。

(2)第二类公司目标,包括业主通过样板项目描述设计、施工、运营之间的信息交换,设计机构获取高效使用数字化设计工具的经验等。

企业在应用 BIM 技术进行项目管理时,需明确自身在管理过程中的需求,并结合 BIM 本身特点来确定项目管理的服务目标。在定义 BIM 目标的过程中可以用优先表示某个 BIM 目标对该建设项目设计、施工、运营成功的重要性,对每个 BIM 目标提出相应的 BIM

应用。BIM 目标可对应某一个或多个 BIM 应用,以某一建设项目定义 BIM 目标为例。

为完成 BIM 应用目标,各企业应紧随建筑行业技术发展步伐,结合自身在建筑施工领域全产业链的资源优势,确立 BIM 技术应用的战略思想。如某施工企业根据其"提升建筑整体建造水平、实现建筑全生命周期精细化动态管理、实现建筑生命周期各阶段参与方效益最大化"的 BIM 应用目标,确立了"以 BIM 技术解决技术问题为先导,通过 BIM 技术实现流程再造为核心,全面提升精细化管理,促进企业发展"的 BIM 技术应用战略思想。

1.3.3　项目实施阶段

根据对部分大型项目的具体应用和中国建筑业协会工程建设质量管理分会等机构进行的调研,目前国内 BIM 组织实施模式大略可归纳为 4 类:设计主导管理模式、咨询辅助管理模式、业主自主管理模式、施工主导管理模式。

(1)设计主导管理模式

设计主导管理模式是由业主委托一家设计单位,将拟建项目所需的 BIM 应用要求等以 BIM 合同的方式进行约定,由设计单位建立 BIM 设计模型,并在项目实施过程中提供 BIM 技术指导、模型信息的更新与维护、BIM 模型的应用管理等,施工单位在设计模型上建立施工模型。

设计方驱动模式应用最早也较为广泛,各设计单位为了更好地表达自己的设计方案,通常采用 3D 技术进行建筑设计与展示,特别是大型复杂的建设项目,以期赢取设计招标。但在施工及运维阶段,设计方的驱动力下降,对施工过程中心及施工结束后业主关注的运维等应用考虑较少,导致业主后期施工管理和运营成本较高。

(2)咨询辅助管理模式

业主分别同设计单位签订设计合同、同 BIM 咨询公司签订 BIM 咨询服务合同,先由设计单位进行设计,BIM 咨询公司根据设计资料进行三维建模,并进行设计、碰撞检查,随后将检查结果及时反馈以减少工程变更,此即最初的 BIM 咨询模式。有些设计企业也在推进应用 BIM 技术辅助设计,由 BIM 咨询单位作为 BIM 总控单位进行协调设计和施工模拟,BIM 咨询公司还需对业主方后期项目运营管理提供必要的培训和指导,以确保运营阶段的效益最大化。此模式侧重基于模型的应用,如模拟施工、能效仿真等,且有利于业主方择优选择设计单位并进行优化设计,利于降低工程造价。缺点是业主方前期合同管理工作量大,参建各方关系复杂,组织协调难度较大。

(3)业主自主管理模式

①在业主自主管理的模式下,初期建设单位主要将 BIM 技术集中用于建设项目的勘察、设计以及项目沟通、展示与推广。随着对 BIM 技术认识的深入,BIM 的应用已开始扩展至项目招投标、施工、物业管理等阶段。

②在设计阶段,建设单位采用 BIM 技术进行建设项目设计的展示和分析,一方面,将 BIM 模型作为与设计方沟通的平台,控制设计进度。另一方面,进行设计错误的检测,在施工开始之前解决所有设计问题,确保设计的可实施性,减少返工。

③在招标阶段,建设单位借助于 BIM 的可视化功能进行投标方案的评审,提高投标方案的可视性,确保投标方案的可行性。

在施工阶段,采用 BIM 技术中的模拟功能进行施工方案模拟并进行优化,一方面提供了一个与承建商沟通的平台、控制施工进度,另一方面,确保施工的顺利进行、保证投资控制和工程质量。

④在物业管理阶段,前期建立的BIM模型集成了项目的所有信息,如材料型号、供应商等,可用于辅助建设项目维护与应用。

业主自主模式是由业主方为主导,组建专门的BIM团队,负责BIM实施,并直接参与BIM具体应用。该模式对业主方BIM技术人员及软硬件设备要求都比较高,特别是对BIM团队人员的沟通协调能力、软件操作能力有较高的要求,且前期团队组建困难较多、成本较高、应用实施难度大,对业主方的经济、技术实力有较高的要求和考验。

(4)施工主导管理模式

施工方主导模式是近年来随着BIM技术不断成熟应用而产生的一种模式,其应用方通常为大型承建商。承建商采用BIM技术的主要目的是辅助投标和辅助施工管理。

在竞争的压力下,承建商为了赢得建设项目投标,采用BIM技术和模拟技术来展示自己施工方案的可行性及优势,从而提高自身的竞争力。另外,在大型复杂建筑工程施工过程中,施工工序通常也比较复杂,为了保证施工的顺利进行、减少返工,承建商采用BIM技术进行施工方案的模拟与分析,在真实施工之前找出合理的施工方案,同时便于与分包商协作与沟通。

此种应用模式主要面向建设项目的招投标阶段和施工阶段,当工程项目投标或施工结束时,施工方的BIM应用驱动力则降低,对于适用于整个生命周期管理的BIM技术来说,其BIM信息没有被很好地传递,施工过程中产生的信息将会丢失,失去了BIM技术应用本身的意义。

1.3.4 项目完成阶段

(1)项目总结

项目总结即把在项目完成后对其进行一次全面系统的总检查、总评价、总分析、总研究,并分析其中不足,得出经验。项目总结主要体现在以下两个方面:

①项目重点、难点总结。项目重点、难点是项目能否实施完成、项目完成能否达到预期目标的重要因素,同时也是整个项目包括各阶段中投入工作量较大且容易出错的地方。故在项目总结阶段对工作难点、重点进行分析总结很有必要。

②存在的问题。存在的问题分为可避免的和不可避免的。其中可避免的问题主要是由技术方法不合理引起的。比如软件选择不合理、BIM实施流程制定不合理、项目BIM技术路线不合理等。对于此类问题,可通过调整及完善技术或方法解决此项目中不合理的地方。故对此类问题的总结有利于企业在技术及方法方面的积累,可对今后相关项目提供详细的参考经验,以避免相似问题再次出现。不可避免的问题主要是人员及环境等主观因素引起的,比如工作人员个人因素的影响及环境天气不可预见性的影响等。对于此类问题的总结,可为相似项目在项目决策阶段提供参考,对于可能会出现的问题可提前做出准备及相应措施,以最大限度地降低由此带来的损失。

(2)项目评价

项目评价是指在BIM项目已经完成并运行一段时间后,对项目的目的、执行过程、效益、作用和影响进行系统的、客观的评价的一种技术经济活动。项目评价主要分为以下三部分：

①项目完成情况。项目完成情况即对项目 BIM 应用内容完成情况的评价。主要体现在是否完成设计项目及是否完成合同约定。完成设计项目情况指是否完成项目各部分内容。以某一体育中心 BIM 应用项目为例，其项目各部分包括建筑方案、结构找形、结构设计、深化设计、仿真分析、施工模拟、运维管理等。完成合同约定情况指是否按照合同要求按时按质按量完成项目，并交付相应文件资料。合同约定主要有：总承包合同约定、分包合同约定、专业承包合同约定等，以某国际会展中心 BIM 项目分包合同为例，其合同中约定在指定日期内乙方须完成建筑模型建立、结构模型建立、机电管道模型建立、结构部分施工过程动画模拟，并对甲方交付模型文件及动画文件。

②项目成果评价。成果分析即对项目 BIM 是否达到实施目标做出分析评价。以某体育中心 BIM 项目为例，其在项目决策阶段制定的 BIM 实施目标是实现建筑性能化分析、结构参数化设计、建造可视化模拟、施工信息化管理、安全动态化监测、运营精细化服务，故在项目竣工完成后可从以上 6 个方面对项目成果进行评价，以检验项目完成是否达到应用目标。

③项目意义。项目意义评价是对 BIM 项目的效益及影响作用做出客观分析评价，包括经济效益、环境效益、社会效益等。项目意义评价有利于对项目 BIM 形成更全面、更长远的认识。以某政务中心 BIM 项目为例，可从项目意义方面对其评价如下：该项目积累了高层结构建模、深化设计、施工模拟、平台开发及总承包管理的宝贵经验，所创建的企业级 BIM 标准为相关企业 BIM 应用标准的编制提供了依据，所开发的基于 BIM 技术的施工项目管理平台可作为类似项目平台研究及开发的样板，对以后 BIM 技术在施工中的深入应用具有参考价值。同时 BIM 技术的应用大大提高了施工管理的效率，与传统管理方式相比，该项目节省了大量人力、物料及时间，具有显著的经济效益。

通过从以上三个方面对项目进行评价，确定项目目标是否达到，项目或规划是否合理有效，项目的主要效益指标是否实现，总结经验教训，并通过及时有效的信息反馈，为未来项目的决策和提高投资决策管理水平提出建议，同时也为被评项目实施运营中出现的问题提出改进建议，从而达到提高投资效益的目的。

1.4　BIM 软件简介

本节知识点

1.4.1　BIM 软件分类

1.BIM 应用软件分类

BIM 应用软件是指基于 BIM 技术的应用软件，亦即支持 BIM 技术应用的软件。一般来讲，它应该具备以下 4 个特征，即面向对象、基于三维几何模型、包含其他信息和支持开放式标准。在本书中，我们习惯将其分为 BIM 建模软件、BIM 工具软件和 BIM 平台软件

（1）BIM 建模软件

　　BIM建模软件,也可称为BIM基础软件,是指可用于建立能为多个BIM应用软件所使用的BIM数据的软件。例如,基于BIM技术的建筑设计软件可用于建立建筑设计BIM数据,且该数据能被用在基于BIM技术的能耗分析软件、日照分析软件等BIM应用软件中。除此以外,基于BIM技术的结构设计软件及设备设计(MEP)软件也包含在这一大类中。目前实际过程中使用的这类软件的例子,如美国Autodesk公司的Revit软件,其中包含了建筑设计软件、结构设计软件及MEP设计软件;匈牙利Graphisoft公司的ArchiCAD软件等。

　　(2)BIM工具软件

　　BIM工具软件是指利用BIM基础软件提供的BIM数据,开展各种工作的应用软件。例如,利用建筑设计BIM数据,进行能耗分析的软件、进行日照分析的软件、生成二维图纸的软件等。目前实际过程中使用这类软件的例子,如美国Autodesk公司的Ecotect软件,我国的软件厂商开发的基于BIM技术的成本预算软件等。有的BIM基础软件除了提供用于建模的功能外,还提供了其他一些功能,所以本身也是BIM工具软件。例如,上述Revit软件还提供了生成二维图纸等功能,所以它既是BIM基础软件,也是BIM工具软件。

　　(3)BIM平台软件

　　BIM平台软件是指能对各类BIM基础软件及BIM工具软件产生的BIM数据进行有效的管理,以便支持建筑全生命期BIM数据的共享应用的应用软件。该类软件一般为基于Web的应用软件,能够支持工程项目各参与方及各专业工作人员之间通过网络高效的共享信息。目前实际过程中使用这类软件的例子,如美国Autodesk公司2012年推出的BIM 360软件。该软件作为BIM平台软件,包含一系列基于云的服务,支持基于BIM的模型协调和智能对象数据交换。又如匈牙利Graphisoft公司的Delta Server软件,也提供了类似功能。

　　当然,各大类BIM应用软件还可以再细分。例如,BIM工具软件可以再细分为基于BIM技术的结构分析软件、基于BIM技术的能耗分析软件、基于BIM技术的日照分析软件、基于BIM的工程量计算软件等。

　　2.现行BIM应用软件分类框架

　　针对建筑全生命期中BIM技术的应用,以软件公司提出的现行BIM应用软件分类框架为例做具体说明(图1-13所示)。图中包含的应用软件类别的名称,绝大多数是传统的非BIM应用软件已有的,例如,建筑设计软件、算量软件、钢筋翻样软件等。这些类别的应用软件与传统的非BIM应用软件所不同的是,它们均是基于BIM技术的。另外,有的应用软件类别的名称与传统的非BIM应用软件根本不同,包括4D进度管理软件、5D施工管理软件和BIM模型服务器软件。

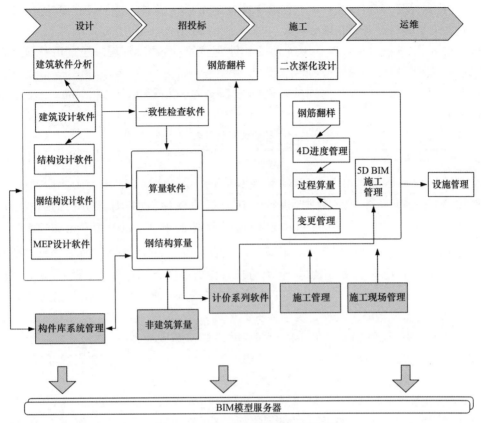

图 1-13　现行 BIM 应用软件分类框架图

其中,4D 进度管理软件是在三维几何模型上,附加施工时间信息(例如,某结构构件的施工时间为某时间段)形成 4D 模型,进行施工进度管理。这样可以直观地展示随着施工时间三维模型的变化,用于更直观地展示施工进程,从而更好地辅助施工进度管理。5D 施工管理软件则是在 4D 模型的基础上,增加成本信息(例如,某结构构件的建造成本),进行更全面的施工管理。这样一来,施工管理者就可以方便地获得在施工过程中,项目对包括资金在内施工资源的动态需求,从而更好地进行资金计划、分包管理等工作,以确保施工过程的顺利进行。BIM 模型服务器软件即是上述提到的 BIM 平台软件,用于进行 BIM 数据的管理。

1.4.2　BIM 建模软件

BIM 建模软件主要是建筑建模工具软件,其主要目的是进行三维设计,所生成的模型是后续 BIM 应用的基础。在传统二维设计中,建筑的平、立、剖面图是分开进行设计的,往往存在一致的情况。同时,其设计结果是 CAD 中的线条,计算机无法进行进一步的处理。三维设计软件改变了这种情况,通过三维技术确保只存在一份模型,平、立、剖面图都是三维模型的视图,解决了平、立、剖不一致的问题。同时,其三维构件也可以通过三维数据交换标准被后续 BIM 应用软件所应用。

BIM 基础软件具有以下特征:

(1)基于三维图形技术。支持对三维实体进行创建和编辑。

（2）支持常见建筑构件库。BIM基础软件包含梁、墙、板、柱、楼梯等建筑构件，用户可以应用这些内置构件库进行快速建模。

（3）支持三维数据交换标准。BIM基础软件建立的三维模型，可以通过IFC等标准输出，为其他BIM应用软件使用。

BIM核心建模软件公司主要有Autodesk、Bentley、Graphisoft以及Gery Technology等（表1-2）。

表 1-2　　　　　　　　　　　　　　　　BIM 核心建模软件表

公司	Autodesk	Bentley	Graphisoft	Gery Technology
软件	Revit Architecture	Bentley Architecture	Archie CAD	Digital Project
	Revit Structural	Bentley Structural	AllPLAN	CATIA
	Revit MEP	Bentley Building Mechanical Systems	Vector works	—

①Autodesk公司的Revit是运用不同的代码库及文件结构区别于AutoCAD的独立软件平台。Revit采用全面创新的BIM概念，可进行自由形状建模和参数化设计，并且还能够对早期设计进行分析。借助这些功能可以自由绘制草图，快速创建三维形状，交互地处理各个形状。可以利用内置的工具进行复杂形状的概念澄清，为建造和施工准备模型。随着设计的持续推进，软件能够围绕最复杂的形状自动构建参数化框架，提供更高的创建控制能力、精确性和灵活性。从概念模型到施工文档的整个设计流程都在一个直观环境中完成。并且该软件还包含了绿色建筑可扩展标记语言模式（Green Building XML，GBXML），为能耗模拟、荷载分析等提供了工程分析工具，并且与结构分析软件R0-BOT、RISA等具有互用性，与此同时，Revit还能利用其他概念设计软件、建模软件（如Sketch-up）等导出的DXF文件格式的模型或图纸输出为BIM模型。

②Bentley公司的Bentley Architecture是集直觉式用户体验交互界面、概念及方案设计功能、灵活便捷的2D/3D工作流建模及制图工具、宽泛的数据组及标准组件库定制技术于一身的BIM建模软件，是BIM应用程序集成套件的一部分，可针对设施的整个生命周期提供设计、工程管理、分析、施工与运营之间的无缝集成。在设计过程中，不但能让建筑师直接使用许多国际或地区性的工程业界的规范标准进行工作，更能通过简单的自定义或扩充，以满足实际工作中不同项目的需求，让建筑师能拥有进行项目设计、文件管理及展现设计所需的所有工具。目前在一些大型复杂的建筑项目、基础设施和工业项目中应用广泛。

③ArchiCAD是GraphiSoft公司的产品，其基于全三维的模型设计，拥有强大的平、立、剖面施工图设计、参数计算等自动生成功能，以及便捷的方案演示和图形渲染，为建筑师提供了一个无与伦比的"所见即所得"的图形设计工具。它的工作流是集中的，其他软件同样可以参与虚拟建筑数据的创建和分析。ArchiCAD拥有开放的架构并支持IFC标准，它可以轻松地与多种软件连接并协同工作。以ArchiCAD为基础的建筑方案可以广泛地利用虚拟建筑数据并覆盖建筑工作流程的各个方面。作为一个面向全球市场的产品，ArchiCAD可以说是最早的一个具有市场影响力的BIM核心建模软件之一。

④Digital Project是Gery Technology公司在CATIA基础上开发的一个面向工程建设行业的应用软件（二次开发软件），它能够设计任何几何造型的模型，支持导入特制的复杂参数模型构件，如支持基于规则的设计复核的Knowledge Expert构件；根据所需功能要求优

化参数设计的 Project Engineering Optimizer 构件；跟踪管理模型的 Project Manager 构件。另外，Digital Project 软件支持强大的应用程序接口；对于建立了本国建筑业建设工程项目编码体系的许多发达国家，如美国、加拿大等，可以将建设工程项目编码如美国所采用的 Uniformat 和 Mas-terformat 体系导入 Digital Project 软件，以方便工程预算。

　　因此，对于一个项目或企业 BIM 核心建模软件技术路线的确定，可以考虑如下基本原则：

　　(1)民用建筑可选用 Autodesk Revit；

　　(2)工厂设计和基础设施可选用 Bentley；

　　(3)单专业建筑事务所选择 ArchiCAD、Revit、Bentley 都有可能成功；

　　(4)项目完全异形、预算比较充裕的可以选择 Digital Project。

1.4.3　BIM 工具软件

　　BIM 工具软件是 BIM 软件的重要组成部分，常见 BIM 工具软件分类如图 1-14 所示，国产和国外 BIM 工具软件百花齐放，种类繁多，在此不做具体举例。

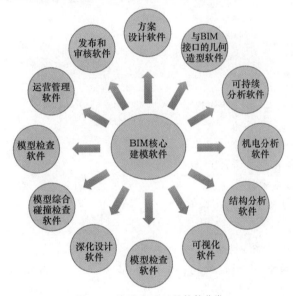

图 1-14　常见 BIM 工具软件分类

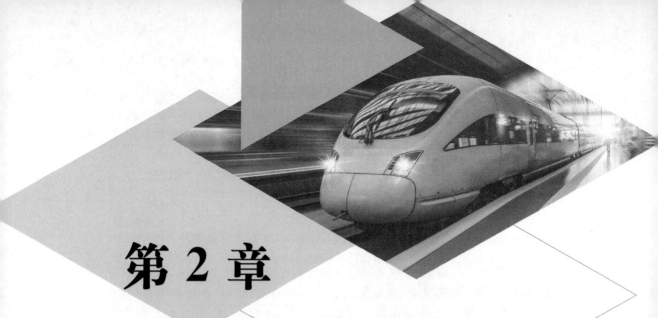

第 2 章

Revit 软件基础与案例介绍

本章重点和教学目标

【本章重点】

(1)Revit 界面和相关术语的介绍

(2)Revit 图元的基本操作方法

(3)疗养院 4 号楼案例的图纸解析

思政目标

【教学目标】

　　熟悉 Revit 的界面介绍,包括:选项对话框、快速访问工具栏、功能区、上下文选项卡、项目浏览器、属性对话框、视图控制栏、View Cube 和导航栏;熟悉 Revit 的相关术语,包括:项目及项目样板、族和体量、图元的分类及层级、可见性和视图范围;熟悉 Revit 的图元操作,包括:选择和过滤器、图元绘制,图元编辑和修改、图元限制和临时尺寸的改变;熟悉疗养院 4 号楼各部分在图纸中的表现形式,掌握案例的建模步骤。

　　上一章已经了解了 BIM 的概念和特征、BIM 在国内外的应用发展现状以及 BIM 的部分应用软件,本章将进行 Revit 的一些基本术语以及操作界面的介绍,并介绍基本的操作和绘制命令,介绍疗养院 4 号楼,为后续图元的创建做铺垫。

本节知识点

2.1 Revit 相关术语

2.1.1 项目与项目样板

1.项目

Revit 中创建的模型、图纸、明细表等信息通常被存储在项目文件中。项目文件中不仅可以包含构件的长、宽、高等几何信息,也可以包含供应商、价格、性能等非几何信息。在 Revit 模型中,所有的图纸、二维视图和三维视图以及明细表都是同一个虚拟建筑模型的信息表现形式。对建筑模型进行操作时,Revit 将收集有关建筑项目的信息,并在项目的其他所有表现形式中协调该信息。Revit 参数化修改引擎可自动协调在任何位置(模型视图、图纸、明细表、剖面和平面)中进行的修改。一个项目中的所有信息之间都保持了关联关系,"一处修改,处处更新"。项目通常是基于项目样板文件创建的。

2.项目样板

在建立项目文件之前,一般需要有项目样板文件。样板文件中会定义好相关参数,如尺寸标注样式、文字样式、线型线宽等线样式、门窗样式等。在不同的样板中包含的内容也会不同,一般创建建筑模型时选择建筑样板。单击"新建"—"项目",即可弹出"新建项目"对话框,可选择相应的样板文件,也可单击"浏览"按钮选择其他事先建好的样板文件,如图 2-1 所示。Revit 中提供了若干样板,用于不同的规程和建筑项目类型。也可以创建自定义样板以满足特定的需要或确保遵守办公标准,在新建项目时选择新建"样板文件"创建样板文件。

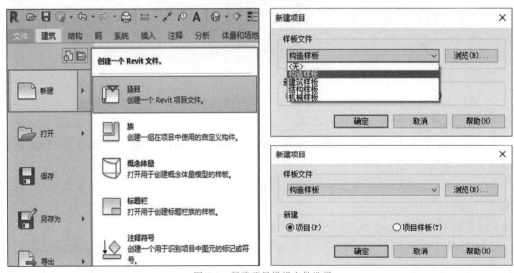

图 2-1 新建项目样板文件选择

此外,Revit 中常用的文件格式有 RTE、RVT、RFA、RFT 四种。样板文件的后缀为.rte,项目文件的后缀为.rvt,族文件的后缀为.rfa,族样本文件的后缀为.rft。

2.1.2 族与概念体量

1.族

Revit作为一款广受欢迎的参数化设计软件,其主要得益于Revit中的参数化构件"族"。族在Revit中是设计的基础与核心。族是一个包含通用属性(称作参数)集和相关图形表示的图元组。属于一个族的不同图元的部分或全部参数可能有不同的值,但是参数(其名称与含义)的集合是相同的。族中的这些变体称作族类型或类型。

Revit中有三种类型的族,即系统族、可载入族和内建族。

系统族是创建在建筑现场装配的基本图元,如墙、屋顶、楼板、风管、管道等,能够影响项目环境且包含标高、轴网、图纸和视图类型的系统设置也是系统族。系统族是在Revit中预定义的,不能从外部文件载入,也不能将其保存到项目之外的位置。如图2-2所示为基本墙系统族的属性信息。

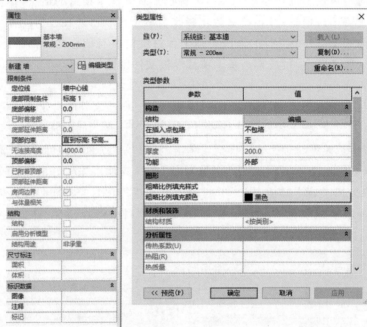

图2-2 基本墙系统族的属性信息

可载入族是用于创建下列构件的族:

(1)通常购买、提供并安装在建筑内和建筑周围的建筑构件,如窗、门、橱柜、装修家具和植物;

(2)通常购买、提供并安装在建筑内和建筑周围的系统构件,如锅炉、热水器、空气处理设备和卫浴装置;

(3)常规自定义的一些注释图元,如符号和标题栏。

由于具有高度可自定义的特征,因此可载入族是在Revit中经常创建和修改的族。与系统族不同,可载入是在外部RFA文件中创建的,并可导入或载入项目中。对于包含许多类型的可载入族,可以创建和使用类型目录,以便载入项目所需的类型,如图2-3所示。

图 2-3　外部另载入多类型族

内建族是在当前项目中新建的族,它与可载入族的不同之处在于内建族只能储存在当前的项目文件里,不能单独存成 RFA 文件,也不能在别的项目中应用。可以创建内建几何图形,以便参照其他项目几何图形,使其在所参照的几何图形发生变化时进行相应的调整。创建内建图元时,Revit 将为该内建图元创建一个族,该族包含单个族类型。创建内建图元涉及许多与创建可载入族相同的族编辑器工具。

族可以有多个类型,类型用于表示同一族的不同参数值。如打开门族“单扇－与墙齐”包含 0762×2032mm、0762×2134mm、0813×2134mm、0864×2032mm、0864×2134mm、0915×2032mm、0915×2034mm(宽×高)7 个不同类型,如图 2-4 所示。

图 2-4　门族“单扇－与墙齐”的不同类型

2.概念体量

概念体量:用于项目前期概念设计阶段为建筑师提供灵活、简单、快速的概念设计模型,帮助建筑师推敲建筑形态,如图 2-5 所示为创建概念体量示意。

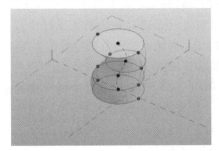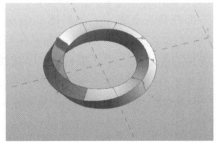

图 2-5　创建概念体量示意图

在 Revit 中经常用到的一类族为体量族,体量族是形状的族,属于体量类别,其中利用可载入概念体量族法创建的体量族属于可载入族;利用内建体量创建的体量族属于内建族。通过体量族创建的体量(体量实例),是用于观察、研究和解析建筑形式的过程。通过体量可以创建面墙、面楼板、面幕墙系统、面楼板和体量楼层。

2.1.3 图元分类与层级

图元是 Revit 软件中可以显示的模型元素的统称。Revit 在项目中使用三种类型的图元,即模型图元、视图图元和专有图元,如图 2-6 所示。

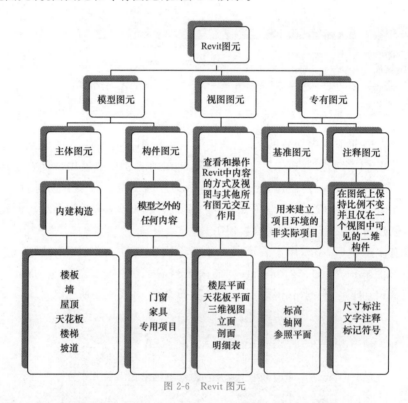

图 2-6   Revit 图元

模型图元表示建筑的实际三维几何图形,它们显示在模型的相关视图中。模型图元有两种类型,即主体和构件。主体通常在构造场地构建,如墙和天花板、墙和屋顶;构件是建筑模型中其他所有类型的图元。

视图图元只显示在放置这些图元的视图中,它们可帮助对模型进行描述或归档。

专有图元包括基准图元和注释图元。基准图元可帮助定义项目上下文。例如,轴网、标高和参照平面都是基准图元。注释图元是对模型进行归档并在图纸上保持比例的二维构件,如尺寸标注、文字注释、标记符号都是注释图元。详图也是一种特定的注释图元,是在特定视图中提供有关建筑模型详细信息的二维图,如详图线、填充区域和二维详图构件。

这些内容为设计者提供了设计的灵活性,Revit 的图元设计可以由用户直接创建和修改,不需要进行编程。在 Revit 中,绘图时可以定义新的参数化图元。

2.1.4 可见性与视图范围

1.可见性

绝大多数可见性和图形显示的替换是在"可见性/图形替换"对话框中进行的。从"视图"选项卡、"可见性/图形替换"对话框中,可以查看自己应用于某个类别的替换。如果替换了某个类别的图形,单元格会显示图形预览。如果没有任何类别的替换,单元格会显示空白,图元则按照"对象样式"对话框中的指定显示。

链接和导入的 CAD 文件的可见性可在"导入的类别"选项卡中设置,如图 2-7 所示。

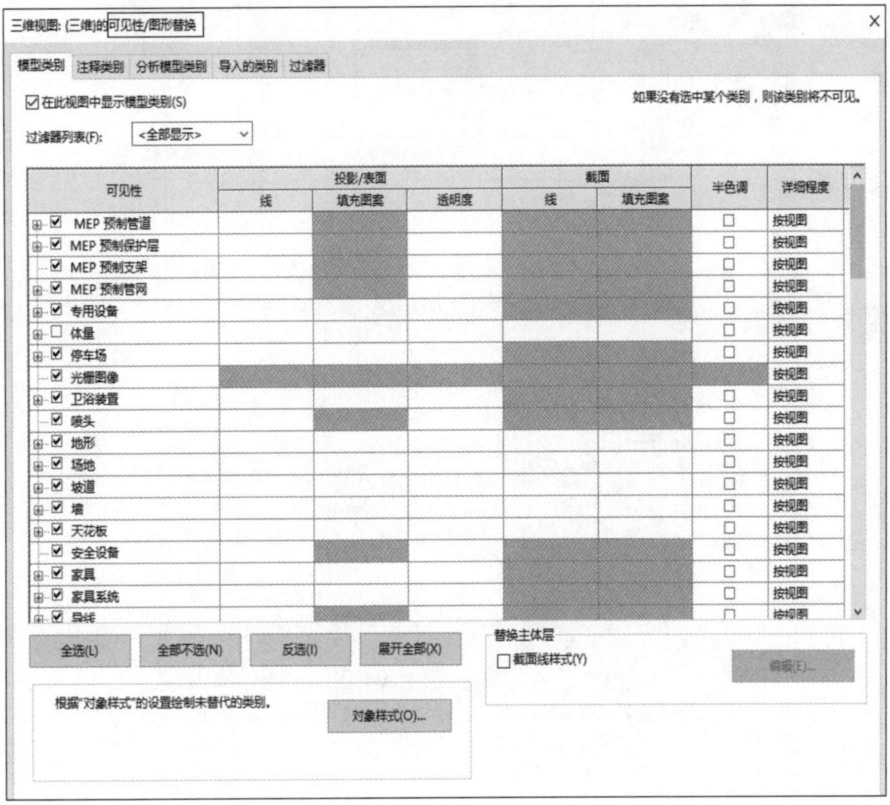

图 2-7   可见性设置

2.视图范围

视图范围是控制对象在视图中的可见性和外观水平的平面集。每个平面图都具有视图范围属性,该属性也称为可见范围。定义视图范围的水平平面为俯视图、剖切面和仰视图。俯视图和仰视图表示视图范围的最顶部和最底部的部分。剖切面是一个平面,用于确定特定图元在视图中显示为剖面时的高度。这三个平面可以定义视图的主要范围。视图深度是主要范围之外的附加平面,更改视图深度可以显示底部裁剪平面下的图元。默认情况下,视图深度与底剪裁平面重合。如图 2-8 所示为视图范围,其中①为顶部,②为剖切面,③为底部,④为偏移(从底部),⑤为主要范围,⑥为视图深度。视图范围的设置是在"视图范围"对话框中进行,如图 2-9 所示。

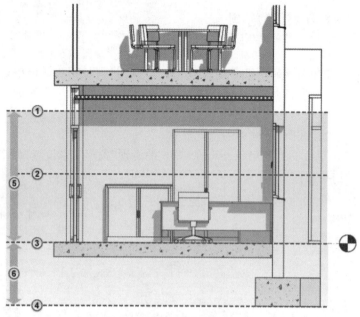

图 2-8　视图范围

图 2-9　视图范围设置

本节知识点

2.2　界面介绍

　　Revit 是当前 BIM 在建筑设计行业的领导者。Autodesk Revit 借助 AutoCAD 的天然优势,在市场上占有很大的份额。Revit 系列软件包括 Revit Architecture、Revit Structure、Revit MEP 等,分别为建筑、结构、设备(水、暖、电)等不同专业提供 BIM 解决方案。Revit 作为一个独立的软件平台,使用了不同于 CAD 的代码库及文件结构,在民用建筑市场有明显的优势。Revit 软件的特点在 1.5.1 节中进行了描述,本章将针对 Revit 软件进行必要的介绍。如图 2-10 所示为 Revit 界面及相关功能区。

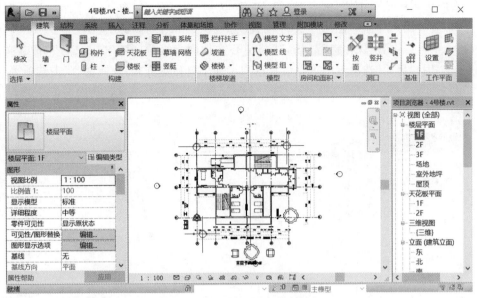

图 2-10　Revit 界面及相关功能区

2.2.1　选项对话框

单击程序左上角"R"下面的"文件"按钮,即可打开应用程序菜单,应用程序菜单主要提供对 Revit 相关文件的操作,包括"新建""打开""保存""另存为""导出"等。"导出"菜单提供了 Revit 支持的数据格式,可以导出 CAD、DWF、NWC、IFC 等文件格式,可与其他软件如 3ds Max、AutoCAD、Navisworks 等进行数据文件交换,实现信息共享,应用程序菜单如图 2-11 所示。

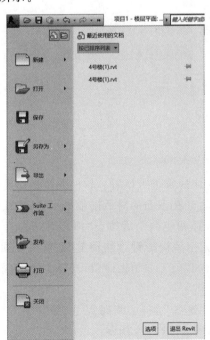

图 2-11　应用程序菜单

单击应用程序菜单中的"选项"按钮,打开"选项"对话框,如图 2-12 所示。选项对话框中包含"常规""用户界面""图形""文件位置""View Cube"等一系列选项卡。其中,在"常规"选项卡中可以设置"保存提醒间隔""与中心文件同步提醒间隔""用户名""日志文件清理"等。在"用户界面"选项卡中可以设置选项卡和工具显示方式、快捷键、双击选项等。

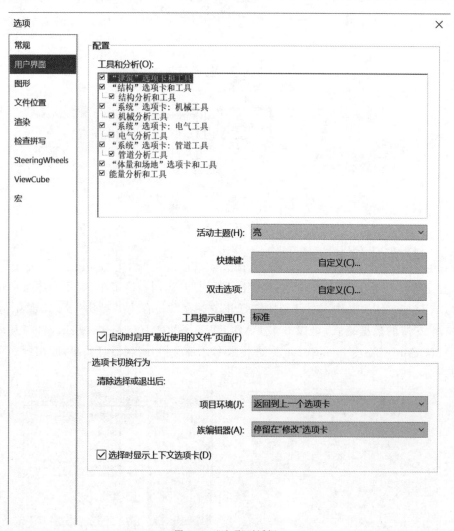

图 2-12 "选项"对话框

单击"快捷键"后面的"自定义"按钮,可以对快捷键进行设置。软件支持快捷键搜索、快捷键指定等功能,如在搜索栏中输入"标注"字样,会在下面的对话框中显示与"标注"有关的所有命令和对应的快捷方式和路径,同时可以选择相应命令后按下"指定"按钮指定相应的快捷键,也可以选择命令后单击"删除"按钮删除相关快捷键,"快捷键"设置方法如图 2-13所示。当鼠标光标移动至有快捷键的相关命令(如"门")并稍做停留,光标旁会出现提示框,提示框中括号内大写字母"DR"即为"门"的快捷键。

在"图形"选项卡下可以调节"背景"颜色、"选择"颜色、临时尺寸、标注文字大小等。Revit 支持将背景设置为任意颜色。"图形"选项卡如图 2-14 所示。

图 2-13　快捷键设置方法

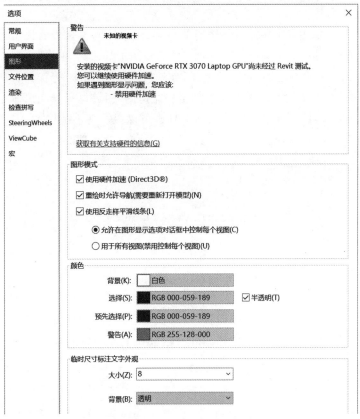

图 2-14　"图形"选项卡

在"文件位置"选项卡下,可以设置"构造样板""建筑样板""结构样板""机械样板"的文件路径,用户文件默认路径,族样板文件默认路径等。"文件位置"选项卡如图 2-15 所示。

图 2-15　"文件位置"选项卡

2.2.2　快速访问栏与功能区

1.快速访问工具栏

快速访问工具栏是放置常用命令和按钮的组合,快速访问工具栏的按钮可以自定义。单击"快速访问工具栏"后的下拉按钮,即可弹出"快速访问工具栏"。单击"自定义快速访问工具栏"标签后,可以对这些命令进行"上移""下移""添加分隔符""删除"等操作。自定义快速访问工具栏如图 2-16 所示。若想将相关命令添加至快速访问工具栏,只需在该命令按钮上右击选择"添加到快速访问工具栏"即可。快速访问工具栏可以显示在功能区的上方或下方,如果想在下方显示,选择"自定义快速访问工具栏"下拉列表下方的"在功能区下方显示"即可。

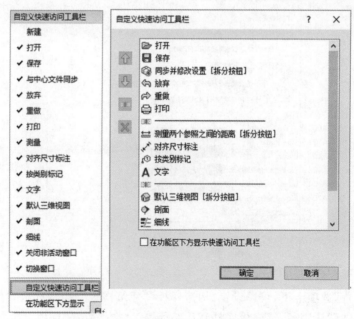

图 2-16　自定义快速访问工具栏

2.功能区

功能区即 Revit 的主要命令区,显示功能选项卡里对应的所有功能按钮。Revit 将不同功能分类成组显示,单击某一选项卡,下方会显示相应的功能命令。功能区一般包含"主按钮""下拉按钮",功能区如图 2-17 所示。

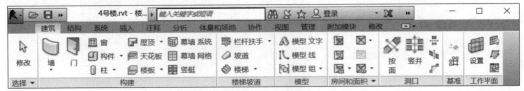

图 2-17　功能区

2.2.3 项目浏览器与属性栏

1.项目浏览器

项目浏览器是用于显示当前项目中所有视图、明细表/数量、图纸、族、组、链接等信息的结构树。单击"＋"可以展开分支,"－"可以折叠分支,如单击"视图"可以展开楼层平面、三维视图、立面、剖面、详图视图、渲染等。项目浏览器如图 2-18 所示。选择某视图右击,可以对该视图进行"复制""删除""重命名""查找相关视图"等相关操作。

2.属性栏

属性对话框用于查看和修改 Revit 图元的相关参数,如图 2-19 所示。

图 2-18　项目浏览器

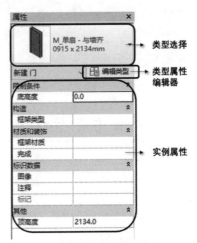

图 2-19　属性对话框

图元属性可以分为实例属性和类型属性,修改实例属性的值,将只影响选择集内的图元或者将要放置的图元,如图 2-20 所示;而修改类型属性的值,会影响该族类型当前和将来的所有图元,如图 2-21 所示。

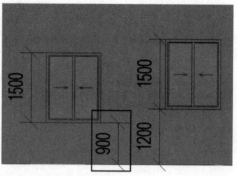

图 2-20 修改实例属性

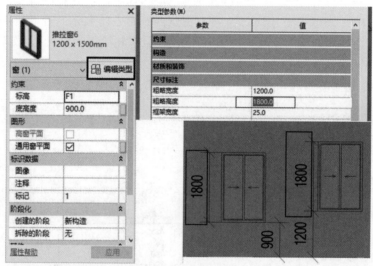

图 2-21 修改类型属性

2.2.4 视图控制栏与导航栏

1.视图控制栏

视图控制栏位于窗口底部,如图 2-22 所示。

① ② ③ ④ ⑤ ⑥ ⑦ ⑧ ⑨ ⑩ ⑪ ⑫

1 : 100

图 2-22 视图控制栏

通过单击相应的按钮,可以快速访问影响绘图区域的功能。视图控制栏中按钮从左向右依次是:

图标①:视图比例,用于在图纸中表示对象的比例。

图标②:详细程度,提供"粗略""中等""精细"三种模式。

图标③:视觉样式,可根据项目视图选择线框、隐藏线、着色、一致的颜色、真实及光线追踪六种模式。

图标④:打开/关闭日光路径并进行设置。

图标⑤:打开/关闭模型中阴影的显示。

图标⑥:控制是否应用视图裁剪。

图标⑦:显示或隐藏裁剪区域范围框。

图标⑧:临时隐藏/隔离,将视图中的个别图元暂时独立显示或隐藏。

图标⑨:显示隐藏的图元。

图标⑩:临时视图属性,启用临时视图属性、临时应用样板属性。

图标⑪:显示/隐藏分析模型。

图标⑫:显示/隐藏约束。

2.ViewCube

当处于三维显示状态时,ViewCube 默认显示在绘图区域的右上角。ViewCube 各个边、顶点、面、指南针分别代表三维视图中不同的视点方向。单击立方体的相关部位可以切换到视图的相关方位。鼠标左键按住 ViewCube 上的任意位置并拖动,可以旋转视图。单击 ViewCube 左上方的主视图按钮,可以恢复主视图。ViewCube 如图 2-23 所示。

图 2-23　ViewCube

在"视图"选项卡中,"窗口"面板的"用户界面"下拉列表中,可以设置 ViewCube 在三维视图中是否显示,如图 2-24 所示。

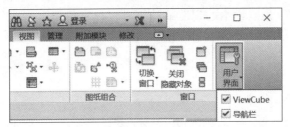

图 2-24　设置 ViewCube 是否显示

在 ViewCube 上右击鼠标或单击右下角的"关联菜单",可以打开 ViewCube 关联菜单,如图 2-25 所示。有"旋转至主视图""保存视图""将当前视图设定为主视图""将视图设定为前视图""重置为前视图""显示指南针""定向到视图""确定方向""定向到一个平面"等操作选项。单击"选项"按钮,可以打开 ViewCube 设置选项卡,如图 2-26 所示。

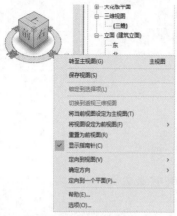

图 2-25 ViewCube 关联菜单   图 2-26 ViewCube 设置选项卡

3.导航栏

导航栏默认是在 Revit 绘图区域的右侧,主要是用于访问导航工具。在"视图"选项卡中,"窗口"面板的"用户界面"下拉列表中,可以设置导航栏在三维视图中是否显示。标准导航栏如图 2-27 所示,单击该按钮的下拉列表,可以更换导航栏的不同控制方式,如图 2-28 所示。

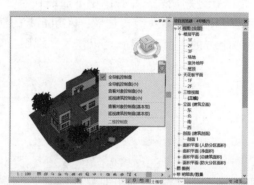

图 2-27 标准导航栏   图 2-28 导航栏的不同控制方式

单击"导航栏"中的"导航控制盘"按钮,如图 2-29 所示进行"缩放""动态观察""平移""回放""漫游"等操作。导航栏中的视图缩放工具可以对视图进行"区域放大""缩小两倍""缩放匹配"" 缩放全部以匹配"等操作,如图 2-30 所示。

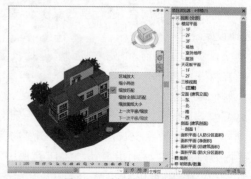

图 2-29 导航控制盘   图 2-30 导航栏的缩放控制

自定义导航栏选项主要对导航栏样式的设置,其中包括是否显示 SteeringWheels 等相关工具,如图 2-31 所示,导航栏位置的设置如图 2-32 所示,导航栏不透明度的设置如图 2-33 所示。

图 2-31　自定义导航栏　　　　　　　　　　　　　　图 2-32　导航栏位置的设置

图 2-33　导航栏不透明度的设置

2.3　基本操作方法

本节知识点

2.3.1　图元选择与过滤

在 Revit 中,要对图元进行修改和编辑,必须先选择图元。

1.常用图元选择

可通过鼠标和键盘的配合,进行单选或框选,在项目中选择需要编辑的图元。

(1)选择设定

在选择项目中的图元前,可先对"选择"进行设定,设定需要选择的图元种类和状态,设定适用于所有打开的视图。

选择功能区—"选择"面板—"选择"下拉菜单,如图 2-34 所示。

各选项说明如下:

①选择链接:启用后可选择链接的文件或链接文件中的各个图元。如 Revit 文件、CAD 文件、点云等。

②选择基线图元:启用后可在视图的基线中选择图元。禁用时,仍可捕捉并对齐至基线中的图元。

③选择锁定图元:启用后可选择被锁定的图元。

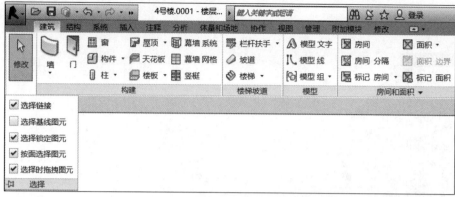

图 2-34　选择设定

　　④按面选择图元:启用后可通过单击内部面而不只是边来选择图元,关闭后必须单击图元的一条边才能将其选中。

　　⑤选择时拖曳图元:启用后不需要选择图元即可对其进行拖曳,适用于所有模型类别和注释类别中的图元。

　　(2)单选

　　用鼠标点选单一图元。在绘图区域中将鼠标指针移动到图元上或图元附近,当图元的轮廓高亮显示时单击鼠标左键,即可选择该图元。在鼠标短暂的停留后,图元说明也会在鼠标指针下的工具提示中显示,如图 2-35 所示,配合 Ctrl 键可点选多个单一对象,Ctrl+单击。按住"Ctrl"键,光标箭头右上角出现"+"符号,连续单击拾取图元,即可分别选择多个图元。

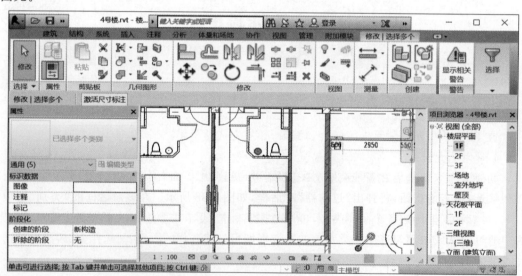

图 2-35　"Ctrl+单击"点选多个单一对象

　　(3)框选

　　在 Revit 软件中,可通过鼠标框选批量选择图元,操作方式与 AutoCAD 相似。

　　将鼠标指针放在要选择的图元的一侧,按住鼠标左键往对角拖曳鼠标指针以形成矩形边框,框选中的图元会高亮显示。

　　①窗选:在视图中,从左上角单击鼠标左键并按住不放,向右侧拖曳鼠标拉出矩形实线

选择框,此时完全包含在框中的图元高亮显示,在右下角侧松开鼠标,即可选择完全包含在框中的所有图元。如图 2-36 所示。

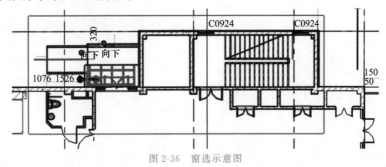

图 2-36　窗选示意图

②交叉窗选:在视图中,从右下角侧单击鼠标左键并按住不放,向左上角侧拖曳鼠标拉出矩形虚线选择框,此时完全包含在框中的图元和与选择框交叉的图元都高亮显示,在左侧松开鼠标,即可选择完全包含在框中的图元和与选择框交叉的所有图元。如图 2-37 所示。

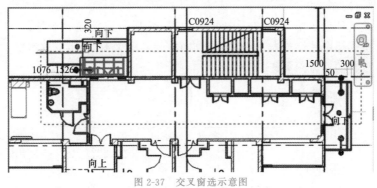

图 2-37　交叉窗选示意图

> **提示:** 从左往右拖曳鼠标指针,形成的矩形边界为实线框,软件仅选择完全位于选择框边界之内的图元;从右到左拖曳鼠标指针,形成的矩形边界为虚线框,软件会选择全部位于选择框边界之内的任何图元。

2.常用图元过滤

(1)过滤器的应用

选择的对象如果包含多种类别图元的话,可通过调用界面右下角的"过滤器"功能,进行类型筛选,单击该按钮,将弹出"过滤器"对话框,如图 2-38 所示。在该对话框的"类别"选项组下,可以看到框选的各个图元类型,可以根据实际情况,在"过滤器"对话框左侧的"类别"栏中通过勾选或取消勾选图元类别前的复选框即可过滤选择的图元。"选择全部"按钮是选择全部的图元,"放弃全部"是取消选择全部的图元。

设置完成后,"过滤器"对话框下面的"选定的项目总数"会自动统计新选择的图元总数。

单击"确定"按钮关闭对话框。此时选定的图元仅包含在"过滤器"中指定的类别,状态栏右下角的"已选择图元"总数自动更新。

勾选或取消选择相关图元类别,完成后单击"确定"按钮返回,被勾选的类别图元将在当前选择集中高亮显示。

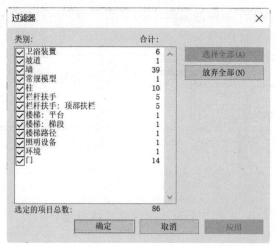

图 2-38 "过滤器"对话框

(2)Tab 键的应用

当鼠标指针所处位置附近有多个图元类型时,例如墙连接成一个连续的链,可通过按 Tab 键来回切换选择单片墙或整条链的墙,如图 2-39、图 2-40 所示。这种方式对于在二维视图状态选择重叠的三维对象十分重要。

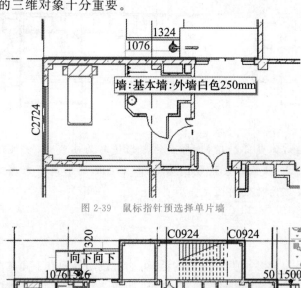

图 2-39 鼠标指针预选择单片墙

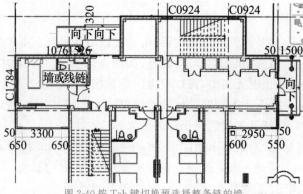

图 2-40 按 Tab 键切换预选择整条链的墙

将鼠标指针移动到绘图区域中的目标图元,按 Tab 键切换预选择对象,软件将以高亮显示方式预选择对象,单击选择预选择对象。

2.3.2　图元绘制功能

在 Revit 中，可以按照需要进行图元绘制，单击需要绘制的图元，上方功能区会自动出现相关的上下文选项卡。如当单击"建筑"选项卡中的"门"命令时，就会出现与门有关的选项。如图 2-41 所示。

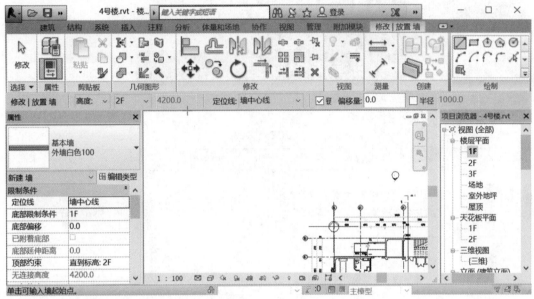

图 2-41　图元绘制

图形绘制的基本方式如表 2-1 所示。

表 2-1　　　　　　　　　　　　　图形绘制的基本方式

绘制方式图标	名称	绘制方式图标	名称
	直线绘制		相切-端点弧绘制
	矩形绘制		圆角弧绘制
	内接多边形绘制		样条曲线绘制
	外接多边形绘制		椭圆绘制
	圆形绘制		半椭圆绘制
	起点-终点-半径弧绘制		拾取线绘制
	圆心-端点弧绘制		拾取墙绘制

草图模式需要新建 Revit，单击"族—新建"选择样板文件"公制常规模型"进入草图编辑模式。如图 2-42 所示。

图 2-42 选择样板文件

草图建模方式如表 2-2 所示。

表 2-2 草图建模方式

方式	绘制流程	草图形状	立体形状
拉伸	绘制封闭的草图轮廓,将轮廓拉伸指定的高度后生成模型		
融合	在两个平行平面上分别绘制二维图形,将两个图形融合形成模型		
旋转	绘制封闭的草图轮廓,绕旋转轴旋转指定角度后生成模型		
放样	绘制二维轮廓,并将此二维轮廓沿放样路径放样生成模型		
放样融合	绘制两个不同的二维图形,将两个图形沿放样路径放样形成模型		
空心形状	空心形状的绘制方法同实心形状的绘制方法相同,区别在于空心形状绘制出的为空心体,一般可作剪切用	——	——

2.3.3 图元编辑功能

在修改面板中,Revit 提供了"移动""复制""镜像""旋转""延伸"等命令,利用这些命令可以对图元进行编辑和修改操作。修改选项卡的修改面板如图 2-43 所示。

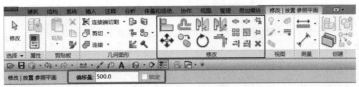

图 2-43　修改选项卡的修改面板

1.对齐

使用对齐命令可将一个或者多个图元与选定图元对齐,常用于墙、梁和线等图元与选定目标的对齐。

(1)选择功能区"修改"选项卡—"修改"面板—"对齐"按钮。

(2)对齐选项栏各选项说明如下:

①"多重对齐"表示可以拾取多个图元对齐到同一个目标位置。

②对齐墙时,可以选择"首选"对齐方式。包括"参照墙面""参照墙中心线""参照核心层表面""参照核心层中心"4 个选项,如图 2-44 所示。

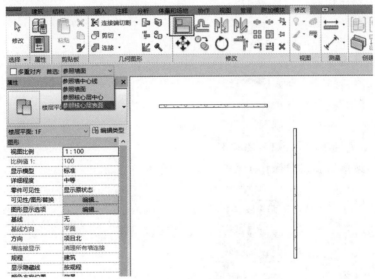

图 2-44　对齐

③选择需要对齐的参照图元。

④单击选择需要对齐的对象图元,完成对齐操作,按 Esc 键退出对齐命令状态。

【提示】若要保持对齐状态,在完成对齐后会出现锁定符号,单击锁定符号来锁定图元对齐关系,实现同步移动。

2.偏移

使用偏移工具可以将选定的模型线、详图线、墙或梁等对象在与其长度垂直的方向移动指定的距离。如图 2-45 所示。

图 2-45　偏移过程

(1)选择功能区"修改"选项卡一"修改"面板一"偏移"按钮。

(2)"偏移"选项栏各选项说明如下:

①偏移方式包括数值方式和图形方式。

②若要创建并偏移所选图元的副本,勾选"复制"选项;若取消勾选"复制"选项,则将需要偏移的图元移动到新的位置,如图 2-46 所示。

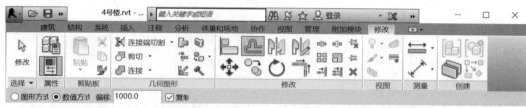

图 2-46　偏移

(3)选择需要偏移的对象。

(4)执行偏移操作。

3.镜像

使用镜像工具可翻转选定图元,或生成图元的一个副本并且翻转方向。

(1)选择需要镜像的图元。

(2)选择功能区"修改"选项卡一"修改"面板一"镜像-拾取轴 /镜像-绘制线" 按钮。

(3)设置"镜像"选项栏选项。

取消勾选选项栏中的"复制"复选框,则只翻转选定图元,而不生成其副本,反之则翻转选定图元并生成其副本图元,如图 2-47 所示。

(4)执行镜像操作。镜像操作示意如图 2-48 所示。

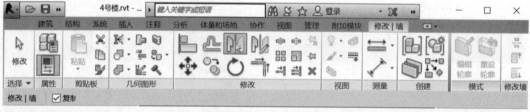

图 2-47　设置"镜像"选项栏

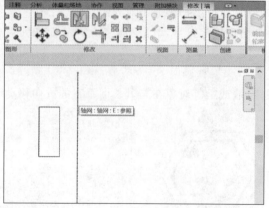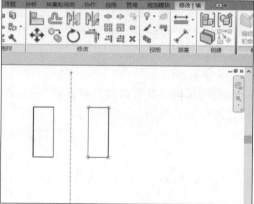

图 2-48　镜像操作示意图

4.移动✛

使用移动工具可以对选定的图元进行拖曳或将图元移动到指定的位置。

(1)选择需要移动的图元。

(2)选择功能区"修改"选项卡—"修改"面板—"移动"按钮。

(3)设置"移动"选项栏选项,如图 2-49 所示。

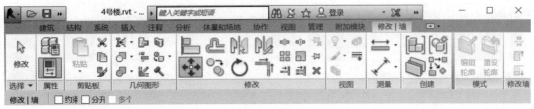

图 2-49 移动

各选项说明如下:

①约束。勾选"约束"选项可以限制图元沿水平或垂直方向上移动,取消勾选即可随意移动,类似 AutoCAD 的正交模式。

②分开。勾选"分开"选项可在移动前中断所选图元和其他图元之间的关联。

(4)执行移动操作:

在绘图区域中单击图元一点作为移动的基点,沿着指定的方向移动鼠标指针,再次单击捕捉移动终点完成移动;如果通过输入移动距离完成移动操作,在选择移动基点后沿着某个方向会显示临时尺寸标注作为参考,输入图元要移动的距离值按 Enter 键,完成移动操作。

5.复制

使用复制工具来复制生成选定图元副本并将它们放置在当前视图中指定的位置。

(1)选择需要复制的图元。

(2)选择功能区"修改"选项卡—"修改"面板—"复制"按钮。

(3)设置"复制"选项栏选项,如图 2-50 所示。

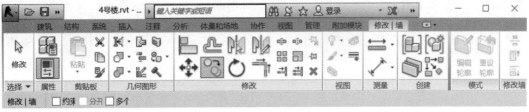

图 2-50 复制

①约束:勾选"约束"选项可以限制图元沿水平或垂直方向上移动,取消勾选可随意移动,类似 AutoCAD 的正交模式。

②分开:勾选"分开"选项可在移动前中断所选图元和其他图元之间的关联。

③多个:勾选该选项,可以连续复制放置多个图元副本;取消勾选"多个"则只能复制1个。

(4)执行复制操作。

在绘图区域中单击图元一点作为复制图元开始移动的基点,将鼠标指针从原始图元上移动到要放置副本的区域,单击以放置图元副本,或输入移动距离的值按 Enter 键完成复制操作。若勾选了多个,则可以连续放置多个图元。完成后按 Esc 键退出复制工具。

6.旋转 ↻

使用"旋转"工具可使图元绕旋转中心旋转到指定的位置或者指定的角度。

(1)选择需要旋转的图元。

(2)选择功能区"修改"选项卡—"修改"面板—"旋转"按钮。

(3)设置"旋转"选项栏选项,如图 2-51 所示。

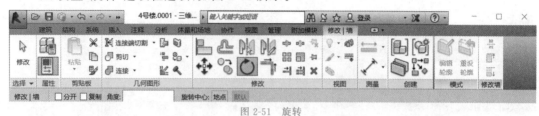

图 2-51　旋转

各选项说明如下:

①分开:勾选"分开"选项可在旋转前中断所选图元和其他图元之间的关联。

②复制:勾选"复制"选项可在旋转时创建旋转对象副本。

③角度:设置旋转角度。

④旋转中心:重新设置旋转中心,单击"地点"可自行选择旋转中心,单击"默认";则是设置图形中心为旋转中心(也可直接拖曳旋转中心符号到指定的位置来设置旋转中心)。

(4)执行旋转操作:单击确定旋转基准线位置,按照顺、逆时针、左右滑动鼠标开始旋转,旋转时,会显示临时角度标注,并出现一个预览图像,这时可以用键盘输入一个角度值,按Enter 键完成旋转;也可以直接单击另一位置作为旋转线的结束,以完成图元的旋转。

7.修剪/延伸 ⌐

关于修剪和延伸共有 3 种工具,即修剪/延伸为角,修剪/延伸单个图元、修剪/延伸这个图元,使用时根据需要来进行选择。

(1)选择"修改"选项卡—"修改"面板—"修剪/延伸为角"按钮/"修剪/延伸单个图元"按钮/"修剪/延伸多个图元"按钮,如图 2-52、图 2-53 所示。

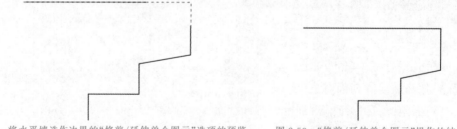

图 2-52　将水平墙选作边界的"修剪/延伸单个图元"选项的预览　　图 2-53　"修剪/延伸单个图元"操作的结果

(2)选择需要修改的图元:

①若选择"修剪/延伸为角",延伸为角时,先后选择需要延伸成角的两个图示即可;需要将其修剪成角时,选择用作边界的参照图元,单击要保留的图元部分。

②若选择"修剪/延伸单个图元",对于与边界交叉的图元,选择用作边界的参照图元,保留所单击的部分,即可修剪边界另一侧的部分;对于未有交叉的图元,先选择用作边界的参照图元,后选择要延伸的图元。

③若选择"修剪/延伸多个图元",先选择用作边界的参照,后选择要修剪或延伸的每个

图元。对于与边界交叉的图元,保留所单击的部分,而修剪边界另一侧的部分。

(3)完成后按 Esc 键退出修剪/延伸工具。

8.拆分

通过"拆分"工具,可将图元分割为两个单独的部分,拆分有两种工具,即拆分图元和用间隙拆分,根据需要选择使用。

(1)选择功能区"修改"选项卡—"修改"面板—"拆分图元"/"用间隙拆分"按钮。

(2)设置"拆分"选项栏选项,如图 2-54、图 2-55 所示。

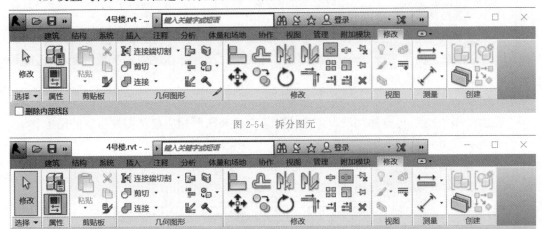

图 2-54　拆分图元

图 2-55　用间隙拆分

各选项说明如下:

①删除内部线段:若选择拆分图元工具,选项栏上出现该选项。勾选此选项后,软件会删除墙或线上所选点之间的图元。可以继续单击其他位置,将墙或线拆分为连续的多段。

②连接间隙:若选择用间隙拆分工具,选项栏上出现该选项,在"连接间隙"后的文本框中输入间隙值(1.6～304.8 mm),软件会在单击位置创建一个间隙值长度的缺口。

③单击拆分位置:在图元上要拆分的位置处单击。完成后按 Esc 键退出拆分工具。

> **提示:** 在立剖面视图和三维视图中,可以用"拆分"工具沿着水平线拆分一面墙。

9.阵列

通过"阵列"工具,可以创建一个或者多个图元的多个相同实例。

(1)选择需要阵列的对象。

(2)选择功能区"修改"选项卡—"修改"面板—"阵列"按钮。

(3)在选项栏中设置"阵列"相关选项,如图 2-56 所示。

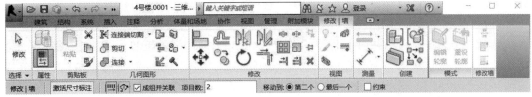

图 2-56　阵列

各选项说明如下：

①阵列方式：两种阵列方式，线性阵列和径向阵列，表示线性阵列，表示径向阵列。

②成组并关联：将阵列的每个成员包括在一个组中。若取消勾选该选项，软件将会创建指定数量的副本，但不会使它们成组。在放置后，每个副本都是独立的。

（4）执行阵列操作：

①若选择线性阵列，单击选定需要创建的图元的一点作为起点，选定距离后，再次单击即可生成第二个图元或具有相同距离的阵列图元组。也可在临时尺寸标注中输入所需距离，再输入阵列的项目数，单击完成阵列操作。

②若选择径向阵列，拖曳旋转中心符号到指定的位置，单击确定旋转基准线位置，再次单击以确定第二个图元或最后一个图元位置，可在临时尺寸标注中输入所需角度值，再输入阵列的项目数，单击完成阵列操作。

10.缩放

通过"缩放"工具，可以使用图形方式或数值方式来按照相应比例缩放指定的图示。

（1）选择需要缩放的对象。

（2）选择功能区"修改"选项卡—"修改"面板—"缩放"按钮。

（3）设置"缩放"选项栏选项，缩放方式包括数值方式和图形方式，如图2-57所示。

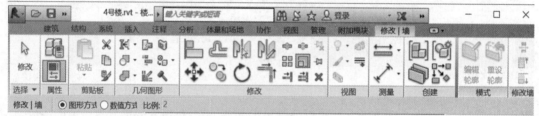

图2-57　缩放

（4）执行缩放操作。

①选择数值方式时，可在缩放选项中设置缩放比例，单击缩放原点，完成操作。

②选择图形方式时，单击缩放原点，再单击缩放方向，最后单击缩放终点以确定缩放基准尺寸和缩放后的尺寸，完成操作。

（5）完成后按Esc键退出缩放工具。

11.图元限制及临时尺寸

（1）尺寸标注的限制条件

临时尺寸标注是指选择图元时出现的蓝色尺寸标注，可用来精确定位图元。

在放置永久性尺寸标注时，可以锁定这些尺寸标注。锁定尺寸标注时，即创建了限制条件；选择限制条件的参照时，会显示该限制条件（蓝色虚线）。

（2）相等限制条件

选择一个多段尺寸标注时，相等限制条件会在尺寸标注线附近显示为一个"EQ"符号。如果选择尺寸标注线的一个参照（如墙），则会出现"EQ"符号，在参照中间会出现一条蓝色虚线。"EQ"符号表示应用于尺寸标注参照的相等限制条件图元。

（3）临时尺寸

临时尺寸标注是相对最近的垂直构件进行创建的，并按照设置值进行递增。点选项目中的图元,图元周围就会出现蓝色的临时尺寸,修改尺寸上的数值,就可以修改图元位置。可以通过移动尺寸界线来修改临时尺寸标注,以参照所需构件。单击在临时尺寸标注附近出现的尺寸标注符号,即可修改新尺寸标注的属性和类型。如图 2-58 所示。

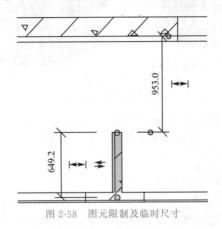

图 2-58　图元限制及临时尺寸

　　循环单击尺寸界线上的蓝色实心控制柄,可以在内外墙面和墙中心线之间切换临时尺寸界线参考位置,也可以在实心控制柄上单击按住鼠标左键不放,并拖曳光标到轴线等其他位置上松开,捕捉到新的尺寸界线参考位置。

　　注:如果没有出现临时尺寸,在选项栏单击"激活临时尺寸"即可。

2.4　案例介绍

本节知识点

2.4.1　案例背景

　　疗养院是集医疗保健、慢性病综合防治、医学康复、老年医学、健康体检与管理等为一体的综合性康养项目,本书案例"疗养院 4 号楼"取自整个综合性康养项目中的一个子项,疗养院 4 号楼整体建筑面积 466.35 平方米,共 3 层。三维模型如图 2-59 所示。

(a)　　　　　　　　　　　　　　　(b)

（c）　　　　　　　　　　　（d）

图 2-59　疗养院 4 号楼三维模型

2.4.2　图纸解析

1.建模环境设置

设置项目信息。项目名称:疗养院 4 号楼。

2.BIM 参数化建模

(1)根据给出的图纸创建基准图元和建筑形体,其中基准图元包括:标高和轴网等,建筑形体包括:墙、门、窗、屋顶、楼板、天花板、楼梯和扶手。

(2)主要建筑构件参数,如表 2-3 至表 2-5 所示。注意:门、窗族类型可从本书自带族文件中载入。

(3)图纸及详图如图 2-60 至图 2-68 所示。

(4)以首层平面图 2-60 为例为房间命名。

(5)场地创建(详见第 8 章)。

3.创建图纸

(1)创建门窗表,要求包含类型、宽度、高度、合计,并计算总数。

(2)建立 A3 图纸,创建"1-1 剖面图",尺寸、标高、轴网等标注须符合我国国家房屋建筑制图标准。要求:作图比例 1:200。

4.模型文件管理

(1)用"疗养院 4 号楼"为项目文件命名,并保存项目。

(2)将创建的"1-1 剖面图"图纸导出为 AutoCAD DWG 文件,命名为"1-1 剖面图"。

表 2-3　　　　　　　　　　　　　　　**建筑构件参数表**

构件	参数
外墙木条纹 250 mm	10 mm 金属条板仿木涂料 30 mm 轻集料混凝土 200 mm 加气混凝土 10 mm 白色涂料
外墙白色 250 mm	10 mm 白色涂料 30 mm 轻集料混凝土 200 mm 加气混凝土 10 mm 白色涂料
外墙白色 100 mm	10 mm 白色涂料 80 mm 加气混凝土 10 mm 白色涂料

（续表）

构件	参数
内墙 150 mm	10 mm 白色涂料
	130 mm 加气混凝土
	10 mm 白色涂料
平屋顶	30 mm 细石混凝土　（面层 2［5］）
	20 mm 水泥砂浆　（面层 1［4］）
	100 mm 挤塑聚苯板　（保温层/空气层［3］）
	聚苯乙烯防水卷材　（涂膜层）
	30 mm 轻集料混凝土（衬底［2］）
	120 mm 钢筋混凝土　（结构［1］）
坡屋顶	50 mm 瓦片—筒片
	100 mm 钢筋混凝土
	坡度：19.39°
楼板	5 mm 防滑地砖　（面层 2［5］）
	25 mm 水泥砂浆　（面层 1［4］）
	120 mm 钢筋混凝土　（结构［1］）
天花板	57 mm 复合天花板（自标高偏移 30000）
建筑柱	400 mm×400 mm 建筑装饰材料

表 2-4　　　　　　　　　　　　　　　窗明细表

类型	宽度	高度	合计
C0921	900 mm	2100 mm	2
C0924	900 mm	2400 mm	4
C0933	900 mm	3300 mm	2
C2433	2400 mm	3300 mm	1
C2724	2700 mm	2400 mm	5

表 2-5　　　　　　　　　　　　　　　门明细表

类型	宽度	高度	合计
M1022	1000 mm	2200 mm	1
M1322	1300 mm	2200 mm	5
BM0922	900 mm	2200 mm	5
FM 丙 0721	700 mm	2100 mm	2
FM 丙 1021	1000 mm	2100 mm	3
FM 乙 1022	1000 mm	2200 mm	1
FM 乙 1322	1300 mm	2200 mm	2
FM 乙 1322L	1300 mm	2200 mm	3
FGM 甲 1322	1300 mm	2200 mm	1
MLC2433	2400 mm	3300 mm	2
MLC2733	2700 mm	3300 mm	6

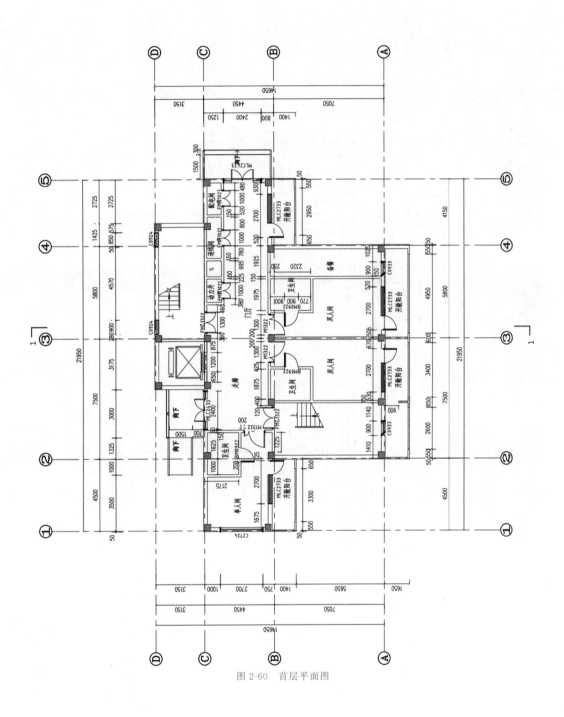

常见的建筑构件表示方法如表 2-6 所示。

表 2-6　　常见的建筑构件表示方法

名称	二维平面图	三维
子母门		
单扇门		
双扇门		
门联窗		
柱		
栏杆		
窗

图 2-60　首层平面图

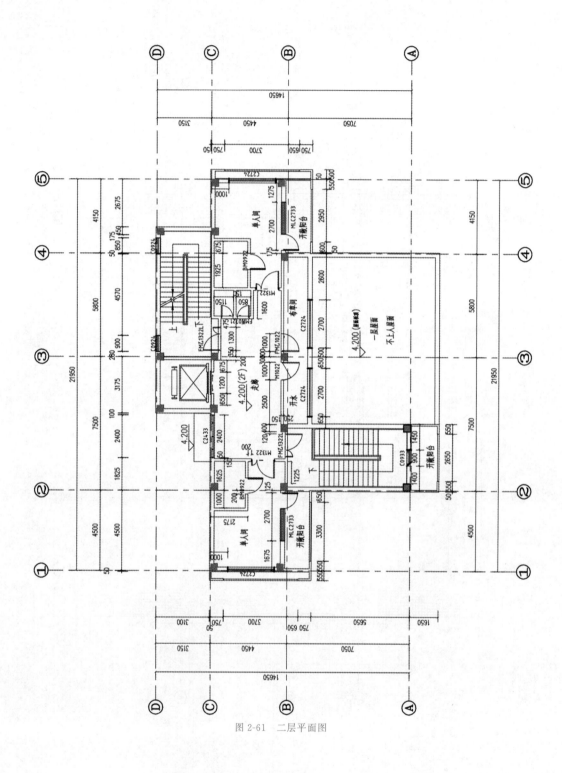

图 2-61　二层平面图

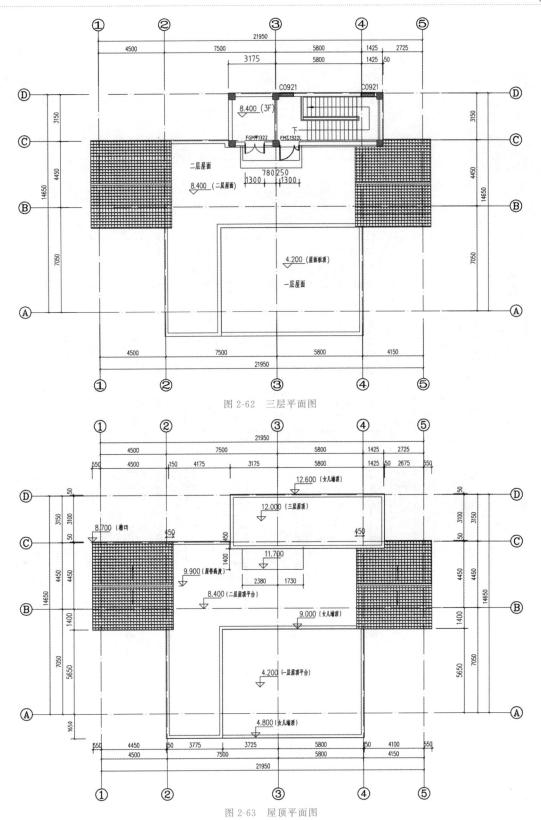

图 2-62　三层平面图

图 2-63　屋顶平面图

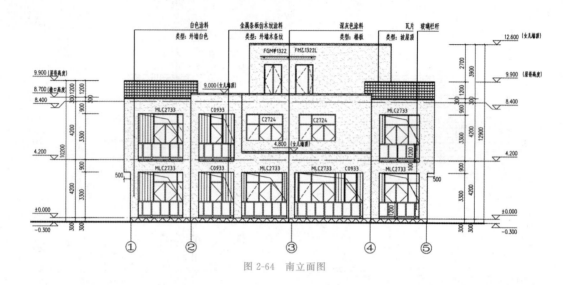

图 2-64 南立面图

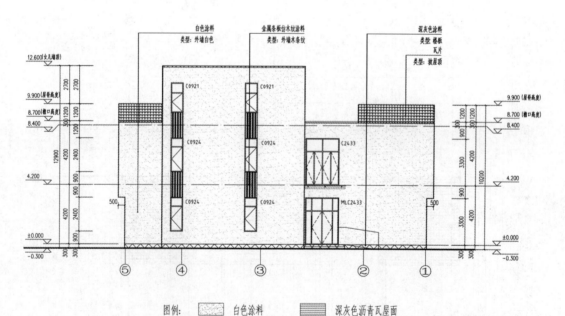

图 2-65 北立面图及图例

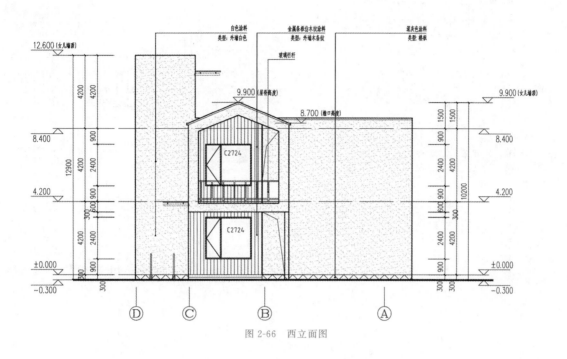

图 2-66 西立面图

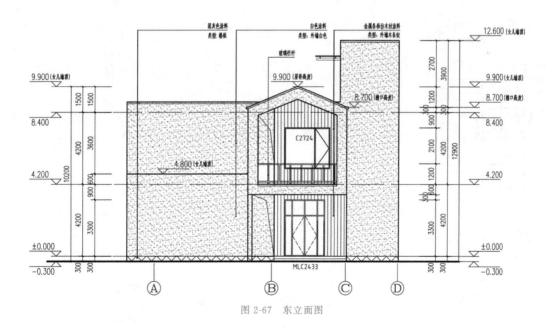

图 2-67 东立面图

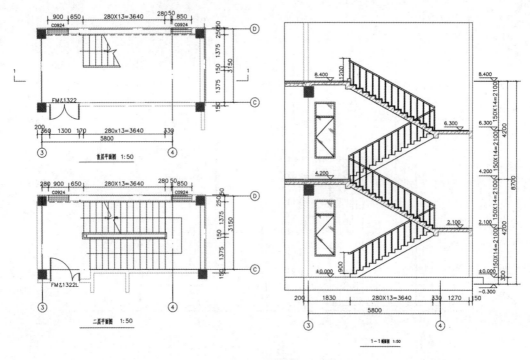

（a）1－3层楼梯

图 2-68　楼梯大样图

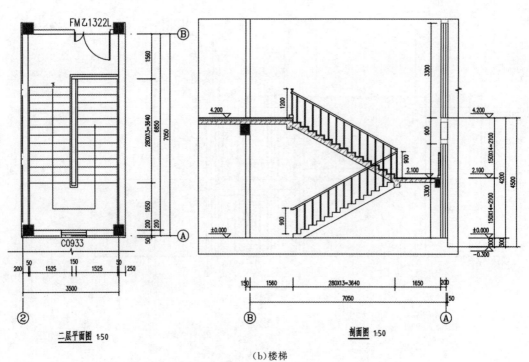

（b）楼梯

续图 2-68　楼梯大样图

2.4.3 创建逻辑

第一步根据 2.4.2 图纸说明及要求修改项目信息。

第二步根据南立面图(图 2-64)和首层平面图(图 2-60)创建标高轴网(详见第 3 章 3.3 节)。

第三步根据图纸确定墙体位置、轴网辅助定位绘制墙体(详见第 4 章 4.4 节)。

第四步根据图纸确定柱子位置并放置(详见第 5 章 5.4 节)。

第五步根据平面图(图 2-60 至图 2-63)和立面图(图 2-64 至图 2-67)确定门、窗位置并放置在墙体上(详见第 5 章 5.4 节)。

第六步绘制楼板、洞口、天花板及屋顶(详见第 6 章 6.5 节)。

第七步根据楼梯大样图(图 2-68)绘制楼梯(详见第 7 章 7.3 节)。

第八步绘制栏杆、坡道(详见第 7 章 7.3 节)。

第九步绘制场地(详见第 8 章)。

第十步完成模型并导出(详见第 10 章)。

第3章

项目前期准备与基准图元

本章重点和教学目标

【本章重点】

(1)项目的前期准备

(2)项目的定位和参照

(3)基准图元标高和轴网的编辑与创建

思政目标

【教学目标】

识读项目图纸,了解软件界面,掌握建模软件界面的基本设置,掌握创建与编辑标高和轴网。掌握使用"新建""保存"命令建立、保存项目文件;掌握使用"标高""复制"命令快速创建标高;掌握使用"轴网""复制""阵列""对齐"命令快速创建轴网和轴网标注。

前两章已经学习了 Revit 的基本操作和建模步骤,本章将介绍项目的前期准备,如何使用项目参照点、测量点对项目进行定位,并讲解标高、轴网的编辑与创建。从项目设计的基础做起,逐步完善。

本节知识点

3.1 　项目前期准备

3.1.1 选择样板

在 Revit 中,所有的设计模型、视图及信息都被存储在一个后缀名为".rvt"的 Revit 项目文件中,项目文件包括设计所需的全部信息,如建筑的三维模型、平立剖面及节点视图、各种明细表、施工图图纸以及其他相关信息,并且 Revit 会自动关联项目中所有的设计信息。

新建项目时,Revit 会自动以一个后缀名为".rte"的文件作为项目的初始文件,".rte"格式的文件称为"项目样板",项目样板定义了新建项目中默认的初始参数,例如:项目默认的度量单位、楼层数量的设置、层高信息、线形设置、显示设置等,并且 Revit 允许用户自定义自己的样板文件,并保存为新的".rte"文件。在 Revit 中,一个合适的项目样板是基础,可以减少后期在项目中的设置和调整,提高项目设计的效率。

Revit 默认设置具有构造样板、建筑样板、结构样板及机械样板。它们分别对应不同专业的建模所需要的预定义设置。样板的存储位置可以在"文件"—"选项"—"文件位置"中找到,通过" ➕ "按钮添加其他样板文件,也可以将自己制作的项目样板放到这里供以后使用,通过" ➖ "按钮可以删除不需要的样板文件,如图 3-1、图 3-2 所示。

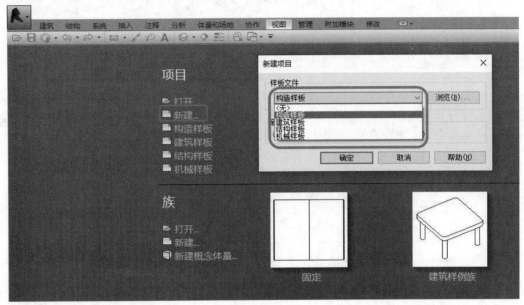

图 3-1　创建项目方式

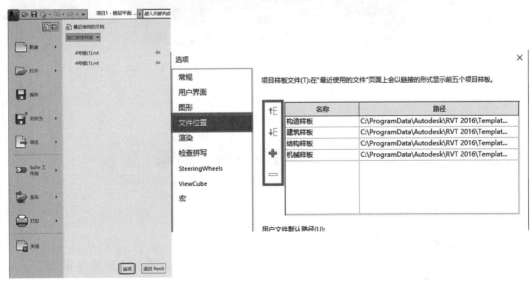

图 3-2　项目样板的存储位置

3.1.2　项目信息

项目信息,用于指定一个项目的能量数据、项目状态和客户信息,需要根据项目环境来进行设置,不同项目有不同的项目信息,此处设置的某些项目信息可显示在明细表和图纸的标题栏中。

1.打开一个项目样板,单击"管理"选项卡—"设置"面板—"项目信息"按钮,打开"项目信息"对话框,如图3-3所示。

图3-3　打开"项目信息"对话框

2.在"项目信息"对话框中,可以看到项目信息是一个系统族,同时包含了"标识数据"选项卡、"能量分析"选项卡和"其他"选项卡。常用的为"标识数据"选项卡和"其他"选项卡,在这两个选项卡中可对组织名称、组织描述、建筑名称、作者、项目发布日期、项目状态、客户姓名、项目地址、项目名称、项目编号以及审定等相关内容进行设置,如图3-4所示。

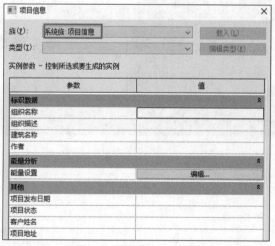

图3-4　"项目信息"对话框

本节知识点

3.2　项目的定位与参照

3.2.1　项目基点与测量点

每个项目都有项目基点 ⊗ 和测量点 △,在默认情况下,项目基点和测量点仅显示在场地平面视图中,但是由于可见性设置和视图裁剪,它们不一定在所有的视图中都可见。这两个点是无法删除的,在"场地"视图中默认显示"测量点"和"项目基点",如果项目基点和测量点位于相同的位置,则显示为两者重叠的图标 。

在需要设置可见的视图内,单击"视图"选项卡内"图形"面板中"可见性/图形",弹出"可见性/图形替换"对话框,如图在"可见性/图形替换"对话框的"模型类别"选项卡中找到"场地"并将其展开,在此处可对"项目基点"和"测量点"的可见性进行设置,如图 3-5、图 3-6 所示。

图 3-5 "可见性/图形替换"选项

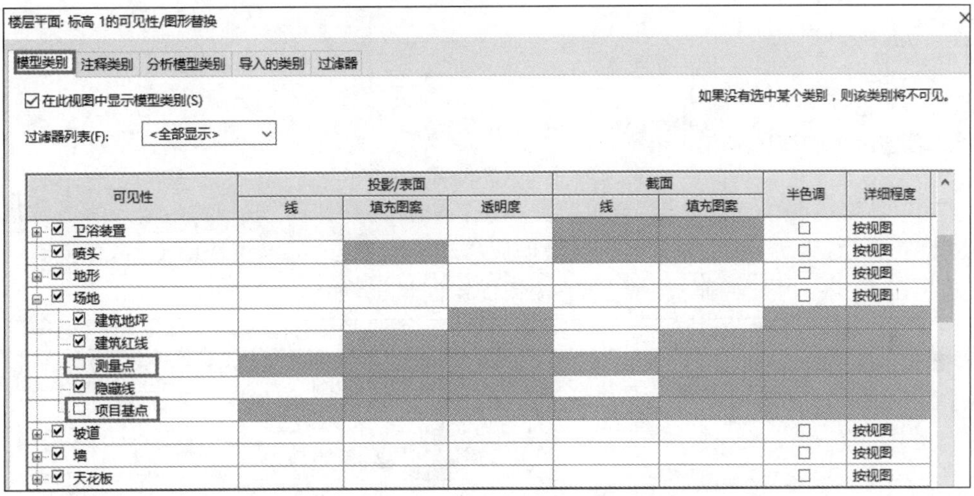

图 3-6 项目基点和测量点可见性设置方法

1.项目基点

项目基点定义了项目坐标系的原点(0,0,0),此外,项目基点还可以用于在场地中确定建筑的位置以及定位建筑的设计单元。参照项目坐标系的高程点坐标和高程点,将相对于此点显示相应的数据。

单击"场地"视图—"项目基点",在"数据标识"下的"北/南"和"东/西"中输入所需数值。可完成"项目基点"的移动;为了防止因为误操作而移动了项目基点,可以在选中该点后,切换到"修改|项目基点"选项卡——"修改"面板——"锁定"按钮固定项目基点,如图 3-7 所示。

2.测量点

测量点代表现实世界中的已知点(如大地测量标记或 2 条建筑红线的交点),可用于在其他坐标系(如在土木工程应用程序中使用的坐标系)中确定建筑几何图形的方向。

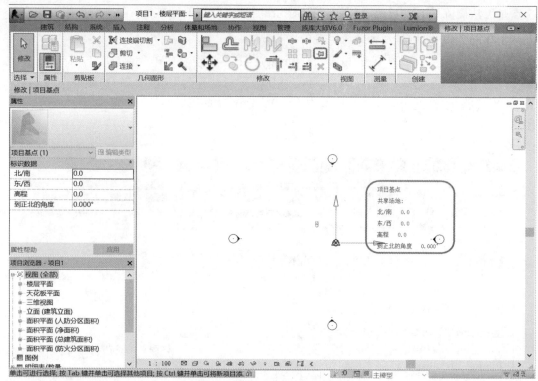

图 3-7　项目基点移动和锁定方法

单击"场地视图"—"测量点",在"数据标识"下的"北/南"和"东/西"中输入所需数值,可完成"测量点"的移动;为了防止因为误操作而移动了测量点,可以在选中点后,切换到"修改|测量点"选项卡—"修改"面板—"锁定"按钮固定测量点,如图 3-8 所示。

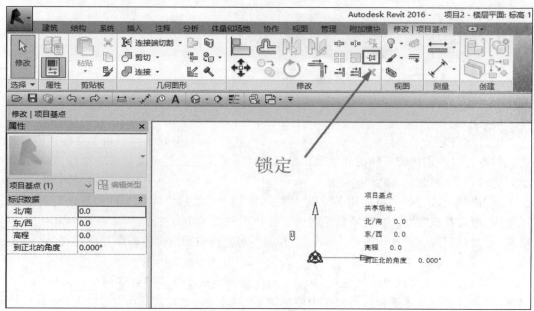

图 3-8　测量点移动和锁定方法

3.2.2 导入参照

通过链接可以将外部独立文件引用到 Revit 的文件中。当外部文件发生变化时,通过更新,可与链接后的文件同步。将外部创建好的独立 Revit 文件引用到当前项目中来,以便进行相关的干涉检查等协调工作,如图 3-9 所示。

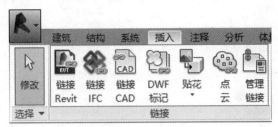

图 3-9 链接面板

1.单击功能区"插入"选项卡—"链接"面板—"链接 Revit"按钮,弹出"导入/链接 RVT"对话框,选择需要链接的文件,如图 3-10 所示。

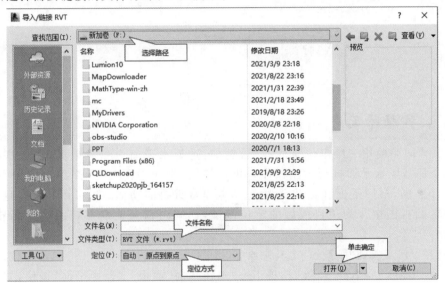

图 3-10 "导入/链接 RVT"对话框

注意:

(1)自动-中心到中心:Revit 自动将链接文件的形心与当前项目形心对齐,在当前视图中可能看不到形心。

(2)自动-原点到原点:Revit 自动将链接文件的原点与在当前项目的原点对齐。

(3)自动-通过共享坐标:Revit 以自动方式根据导入的集合图形相对于两个文件之间共享坐标的位置,放置此导入的几何图形。如果当前没有共享坐标,Revit 会提示选用其他的方式。

(4)手动-原点:用手动的方式以链接文件原点为放置点将文件放置在指定位置。

(5)手动-基点:用手动的方式以链接文件基点为放置点将文件放置在指定位置,仅用于带有已定义基点的 AutoCAD 文件。

(6)手动-中心:用手动的方式以链接文件中心为放置点将文件放置在指定位置。

2.选择定位方式设置在"定位"下拉列表中,选择项目的定位方式,如图 3-11 所示。

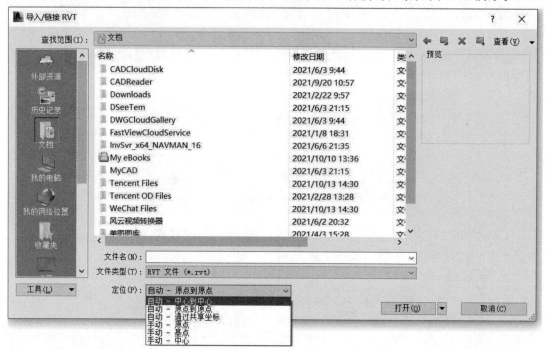

图 3-11　定位设置

3.2.3　参照平面

参照平面是使用三维定位时的参照,例如:选择水平面为参考平面,在此基础上执行的命令都基于水平面进行绘图操作。可以使用"参照平面"工具来绘制参照平面,并作为设计准则,参照平面在创建族时是一个非常重要的功能,会显示在为模型所创建的每个平面视图中作为项目或族的定位基准,详细内容参见本书后述相关章节,本章仅做粗略介绍。

1.使用"线"工具或"拾取线"工具来绘制参照平面。

(1)在功能区上,单击"建筑"选项卡—"工作平面"面板—"参照平面"按钮,如图 3-12 所示。

图 3-12　"参照平面"工具

(2)单击"绘制"面板—单击"线"✐按钮,然后通过移动鼠标来绘制参照平面,如图 3-13 所示。

图 3-13 "直线"绘制方式

（3）单击"绘制"面板—"拾取线" 按钮—输入"偏移量"，通过水平或者竖直方向移动鼠标可以改变参照平面的偏移方向，如图 3-14 所示。

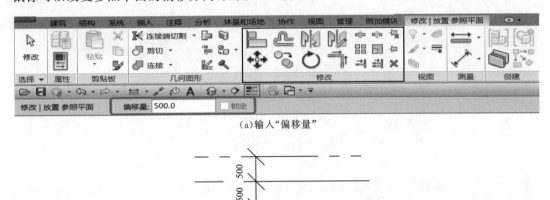

（a）输入"偏移量"

（b）输入完成后结果

图 3-14 "拾取"绘制方式

3.3 标高与轴网

本节知识点

3.3.1 标高图元解释

标高图元含义如图 3-15 所示。

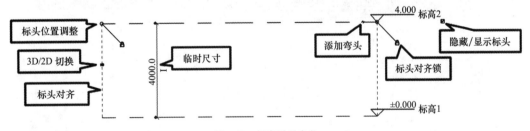

图 3-15 标高图元含义

3.3.2 创建标高

标高创建命令只有在立面和剖面视图中才能使用，因此在正式开始项目设计前，必须事先打开一个立面视图。首先，打开创建的建筑项目，切换至任意立面视图，可以看到视图中已经创建了"标高 1""标高 2"两个默认标高，在楼层平面中也默认创建了相应的视图，如图 3-16 所示。

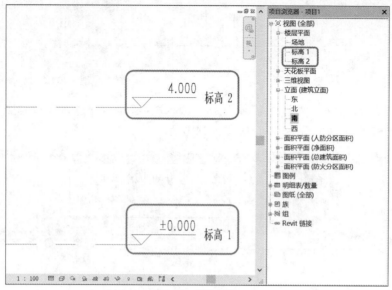

图 3-16　默认标高

　　单击"建筑"选项卡—"基准"面板—"标高"按钮,弹出标高创建的工具条,并在属性栏显示标高的属性,此时 Revit 提供两种创建标高的工具:绘制标高 和拾取线 创建标高,如图 3-17、图 3-18 所示。

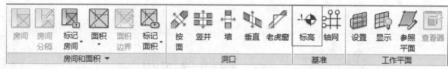

图 3-17　标高创建指令

图 3-18　绘制标高的两种方式

3.3.3　编辑标高

　　1.修改标高类型及属性

　　(1)更换标高标头类型。为了图纸清晰,立面中常将紧挨的两个或者多个标头进行翻转,以避开标头过于密集相互影响,选中其中一个标高,在"属性"栏中更换标高从"上标头"为"下标头"即可解决。如图 3-19 所示。

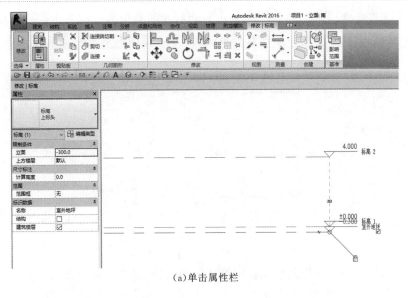

（a）单击属性栏

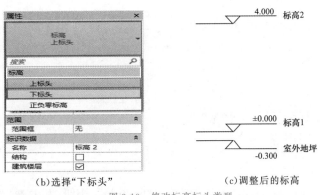

（b）选择"下标头"　　　　（c）调整后的标高

图 3-19　修改标高标头类型

（2）修改标高的线宽、线型、颜色以及编号显示。选中其中一个标高。单击该"标高"—"属性"—"编辑类型"按钮，在"图形"一栏内进行相关属性修改，如图 3-20 所示。

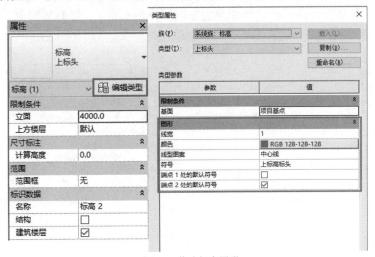

图 3-20　修改标高图形

（3）修改标高高度。单击"标高2"，修改尺寸标注的数值或直接双击标高数值来修改当前标的标高值，当标高标头对齐出现蓝色虚线时，可以使标高形成对齐锁定关系，如图3-21所示。

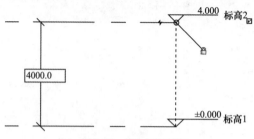

图3-21　修改标高高度

注意：

标高的单位为米（m），距离单位为毫米（mm）。

（4）修改标高弯头。此修改以保持图纸清晰为目的，避免距离过近的标高相互影响。通过单击"添加弯头"进行操作，如图3-22所示。

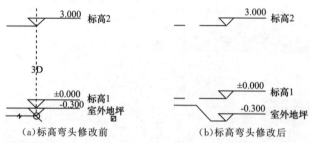

（a）标高弯头修改前　　　　　　　　（b）标高弯头修改后

图3-22　修改标高弯头

2.标高的建立方法

【方法一】选中一根标高，单击"修改"面板—"复制" 按钮，并勾选"修改|标高"中的"约束"和"多个"两个选项，然后单击屏幕任意位置、竖直移动鼠标、输入两条标高之间的距离并在键盘上敲击一次"回车"即可生成新的标高。若要继续生成标高，从上述"竖直移动鼠标"这一步开始重复操作即可快速生成所需不同距离的标高，如图3-23所示。

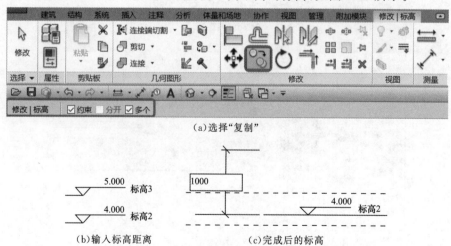

（a）选择"复制"

（b）输入标高距离　　　　　　　（c）完成后的标高

图3-23　"复制"绘制标高

【方法二】单击"修改"面板—"阵列"  按钮,快速生成间距相同的标高。选中一根标高,使用工具栏中的"阵列"工具,在"修改|标高"中选择需要的标高数量,并勾选"第二个"选项,取消勾选"成组并关联",然后输入相邻标高间距即可,如图 3-24 所示。

（a）选择"阵列"

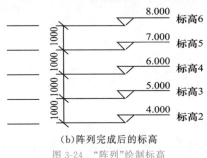

（b）阵列完成后的标高

图 3-24 "阵列"绘制标高

注意:

在"修改|标高"中选择需要的标高数量时,此数量总和包含上一步中所选中的标高。

通过"复制""阵列"的标高不能自动添加到楼层平面视图中。如需添加,在功能区中单击"视图"选项卡—"创建"面板—"平面视图"—"楼层平面" 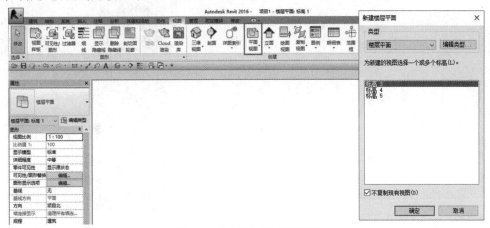 按钮,选择需要添加的标高,单击"确定"按钮创建楼层平面视图,如图 3-25 所示。

图 3-25 生成标高对应平面视图

注意:

标高名称的自动生成是按照最后一位的阿拉伯数字顺序生成。标高名称如需自定义,双击名称修改即可。标高的名称唯一,不能重复。

3.修改标高线长度

（1）修改标高线长度,为了图纸清晰,立面中常将上下标头对齐,拖曳至建筑外墙以外,如图 3-26 所示。

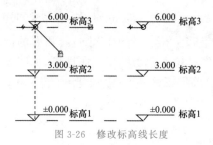

图 3-26　修改标高线长度

注意：

当标头出现虚线整体对齐锁定时，鼠标拖曳标头空心圆圈，即可整体修改标高线长度。

（2）如果只改变单根标高线长度，单击该标高，再单击"标头对齐锁"使其解锁，然后进行拖曳，如图 3-27 所示。

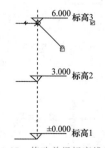

图 3-27　修改单根标高线长度

3.3.4　创建轴网

1.进入"1F"楼层平面，单击—"建筑"或"结构"选项卡—"基准"面板—"轴网"按钮，自动切换至"修改|放置轴网"选项卡，进入轴网放置状态，如图 3-28 所示。

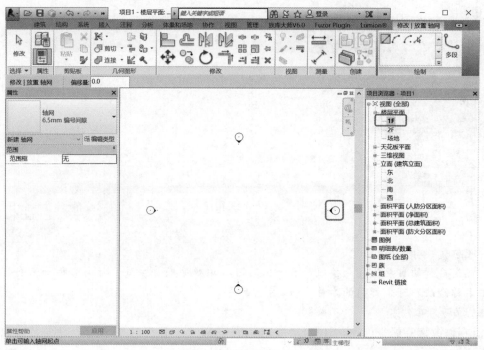

图 3-28　轴网放置初始界面

2.选择属性面板中的轴网类型为"6.5mm 编号",绘制面板中轴网绘制方式为"直线"
，确认选项栏中的偏移量为 0.0。单击空白视图左下角空白处,作为轴线起点,向上移动
鼠标指针,Revit 将在指针位置与起点之间显示轴线预览,并显示出当前轴线方向与水平方
向的临时尺寸角度标注,在垂直方向向上移动鼠标指针至左上角位置时,单击完成第 1 条轴
线的绘制,并自动将该轴线编号为"1",如图 3-29 所示。

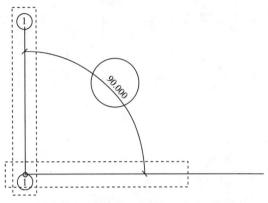

图 3-29 轴网放置的临时标注

3.移动鼠标指针至 1 号轴线起点右侧任意位置,Revit 将自动捕捉该轴线的起点,给出
端点对齐捕捉参考线,并在指针与 1 号轴线间显示临时尺寸标注,即指示指针与 1 号轴线的
间距。输入"3800"并按"Enter"键确认,将距 1 号轴线右侧 3800 mm 处定为第二条轴线起
点。在垂直方向向上移动鼠标指针至与 1 号轴线对齐的位置,单击鼠标左键完成第 2 条轴
线的绘制,并自动为该轴线编号为"2"。按"Esc"键两次退出放置轴网模式,如图 3-30 所示。

图 3-30 第二条轴线起点

4.选择 2 号轴线,自动切换至"修改|轴网"选项卡,单击"修改"面板—"阵列" 按
钮。设置选项栏中的阵列方式为"线性",取消勾选"成组并关联"选项,设置项目数为"4",移动到
"第二个"选项,勾选"约束"选项,如图 3-31 所示。

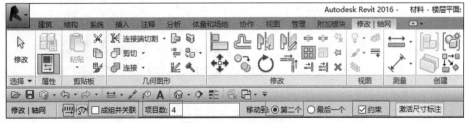

图 3-31 轴网阵列设置

5.单击 2 号轴线上的任意一点,作为阵列基点,向右移动鼠标指针直至与基点间出现临
时尺寸标注。通过键盘输入"8400"作为阵列间距并按"Enter"键确认,将向右阵列轴网,并
按数值累加的方式为轴网编号,如图 3-32 所示。

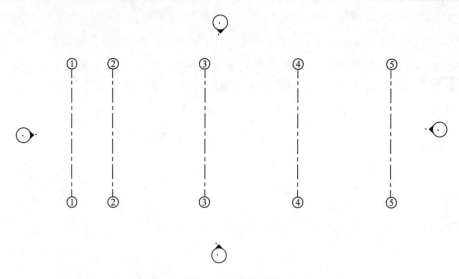

图 3-32　轴网阵列后

6.单击 5 号轴线,单击"修改"选项卡—"复制" 按钮,选项栏勾选正交约束选项"约束"和"多个"。移动光标在 5 号轴线上单击捕捉一点作为复制参考点,然后水平向右移动光标,输入间距值"4400.0",然后按"Enter"键确认,复制 6 号轴线。保持光标位于新复制的轴线右侧,再输入"3600.0"后按"Enter"键确认,复制 7 号轴线。至此,该项目垂直轴线绘制完成,如图 3-33 所示。

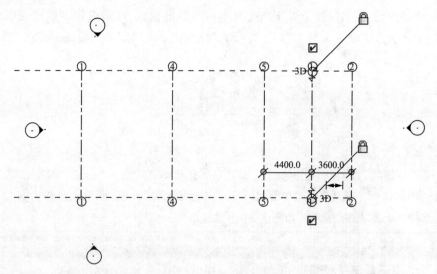

图 3-33　垂直轴线绘制完成

7.绘制第一条水平轴线如图 3-34 所示。单击"建筑"选项卡—"基准"面板—"轴网"按钮 ,继续使用"绘制"面板中的"直线"方式,沿水平方向绘制第一条水平轴网,Revit 自动按轴线编号累计加 1 的方式命名该轴线编号为 8。选择刚刚绘制的轴线 8,单击轴线标头中的轴线编号,进入编号文本编辑状态,删除原有编号值,输入"A",按"Enter"键确认,该轴线编号将修改为 A,如图 3-35 所示。

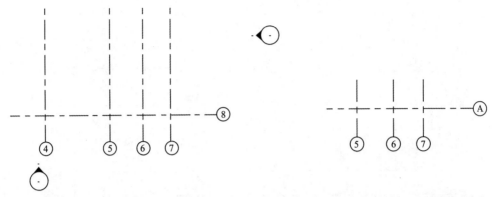

图 3-34　绘制第一条水平轴线　　　　　　　　图 3-35　第一条水平轴线修改编号

8.用"拾取线"的方法绘制其他水平轴网。单击"建筑"选项卡—"基准"面板—"轴网"按钮,单击"绘制"面板—"拾取线"按钮,偏移输入"7400",移动光标在 A 轴线上部,此时出现了一条浅蓝色虚线,单击"确定"按钮后完成 B 轴线的绘制,如图 3-36所示。

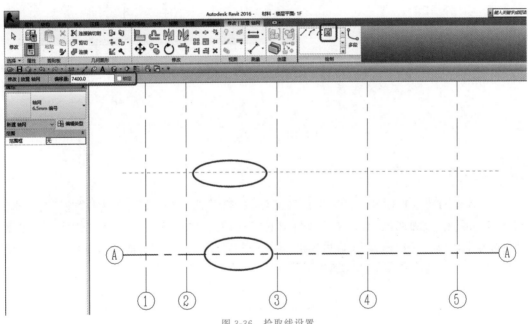

图 3-36　拾取线设置

9.使用同样的方式再偏移:输入"6700",在 B 轴线上方单击绘制轴线 C;输入"2400",在 C 轴线上方单击绘制轴线 D;输入"6700",在 D 轴线上方单击绘制轴线 E。绘制完成后,按"Esc"键两次或单击"修改"按钮退出轴网绘制模式,如图 3-37 所示。

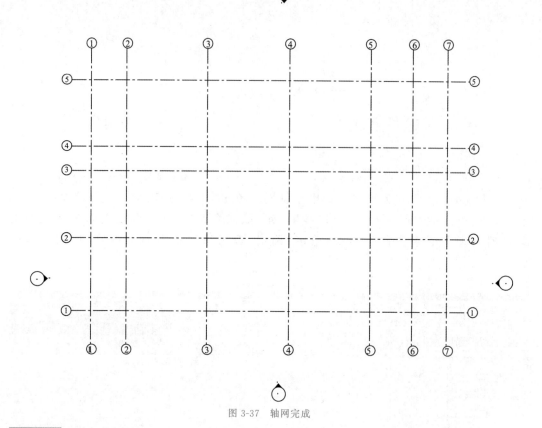

图 3-37　轴网完成

3.3.5　编辑轴网

1.修改轴网颜色和标号形式。选择任意轴线,打开轴线"属性"—"编辑类型"对话框。"轴线末段颜色"改为红色,勾选类型参数中的"平面视图轴号端点1(默认)"选项,"非平面视图符号默认"设置为"底"。完成后单击"确定"按钮,退出"属性"对话框,如图 3-38 所示。

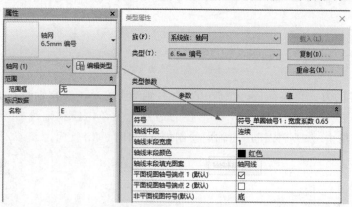

图 3-38　轴网类型属性设置

2.轴网标注。对垂直轴线进行尺寸标注,单击"注释"选项卡—"尺寸标注"面板—"对齐"按钮,鼠标指针依次单击 1 号至 6 号轴线,随鼠标指针移动出现临时尺寸标注,单击空白位置,生成线性尺寸标注,以此来检查刚才绘制的轴网的正确性。对水平轴线进行尺寸标注方法与垂直方向一致,依次单击 A～E 轴线,单击空白位置,生成尺寸标注,如图 3-39 所示。

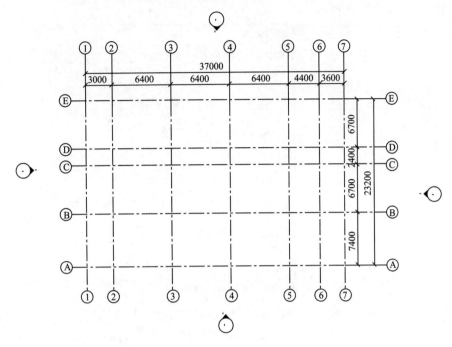

图 3-39　轴网标注

3.修改标注样式。单击任意一个标注,右击"选择全部实例"—"在整个项目中",这样就可以选择所有的同类标注,如图 3-40 所示。

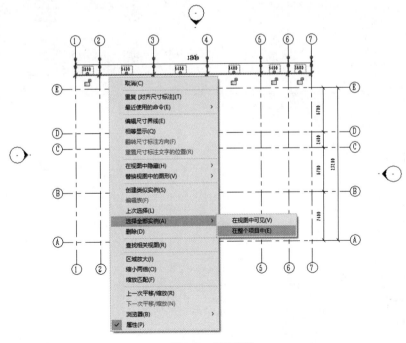

图 3-40　标注选择

4.单击"编辑类型"—"复制"—名称为"标注5mm"—"确定"按钮。由于文字太小,颜色是黑色,可以对文字颜色进行修改。颜色改为"绿色",文字大小改为"5.0000mm",按"Enter"键确认,如图3-41所示。

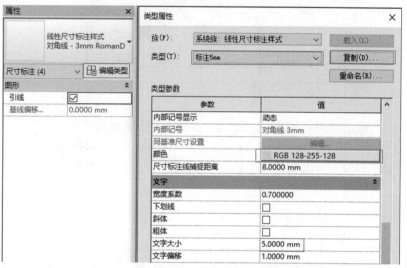

图3-41 轴网设置

5.当轴网创建完成后,框选所有轴网,单击"修改"选项卡—"锁定" 按钮,将轴网固定避免操作失误将标高的位置移动。至此完成创建轴网的操作,如图3-42所示。

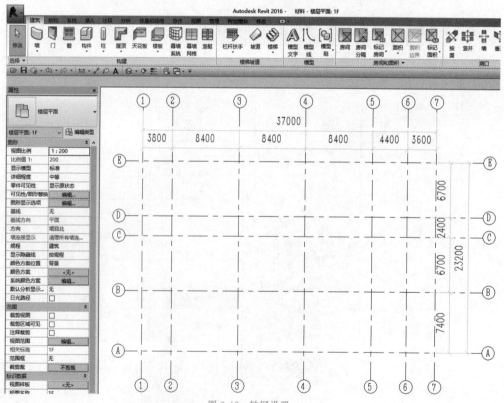

图3-42 轴网设置

3.4 案例讲解与训练

本节知识点

3.4.1 创建项目文件

上一章中,对工程实例"疗养院 4 号楼"进行了图纸解析和创建步骤介绍,从本章开始,每章的最后一节设置案例讲解与训练,将逐章分知识点,对案例建模过程进行详细介绍,本章主要介绍标高和轴网的建模过程。

首先,新建一个 Revit 项目,选择"建筑样板"进行创建,如图 3-43 所示。

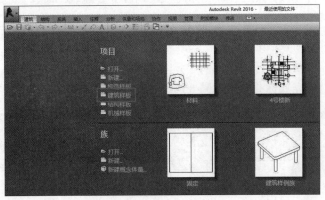

图 3-43 项目样板的创建

3.4.2 设置标高

1.项目创建完毕后,单击"项目浏览器"—"立面(建筑立面)"—"南",进入南立面视图,如图 3-44 所示。

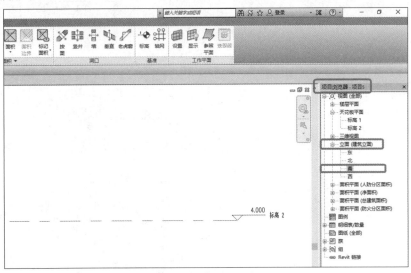

图 3-44 南立面视图

2.选择"标高2",单击标高2旁的"4.0000",如图3-45所示。输入"4.200"即可确定标高的第一条,如图3-45、图3-46所示。

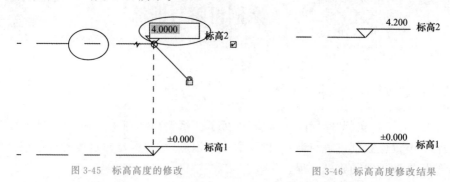

图3-45　标高高度的修改　　　　　　　　　图3-46　标高高度修改结果

3.选择"标高2",自动切换至"修改|标高"选项卡,单击"修改"面板—"复制" 按钮,单击屏幕任意位置后,向下移动鼠标并输入"4500",单击"Enter"键,完成"标高3"的创建;再次选择"标高2",单击"修改"面板—"复制" 按钮,勾选选项栏中的"约束"及"多个"选项,单击屏幕任意位置后,向上移动鼠标然后依次输入"4200""300""1200""2100""600",(在每次输入完成后,需单击"Enter"键)完成标高4到标高8的创建工作。如图3-47、图3-48所示。

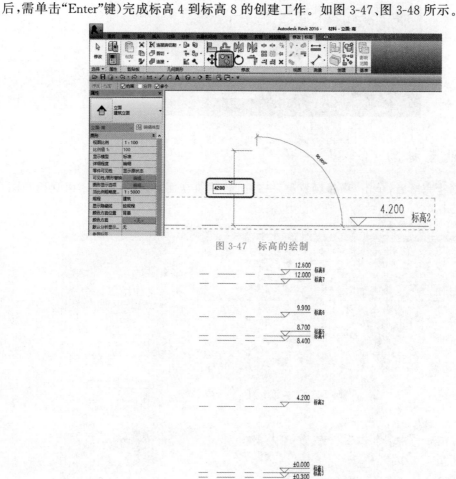

图3-47　标高的绘制

图3-48　标高创立完成

4.选择"标高 3",自动切换至"修改|标高"选项卡。单击"属性"选项卡,将标高类型由"上标头"切换至"下标头",切换后单击"属性"选项卡中的"类型属性",选择线型图案为"中心线",完成修改。采取同样的方法对"标高 4"进行修改。如图 3-49、图 3-50 所示。

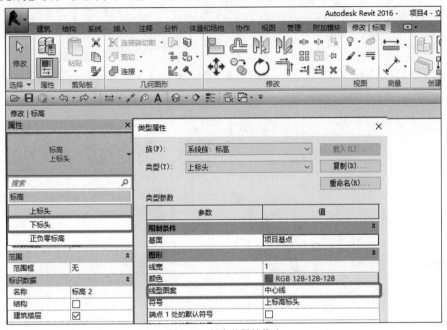

图 3-49 标高的属性修改

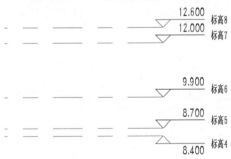

图 3-50 标高属性修改后情况

5.将光标移动至"标高 1",双击"标高 1",将标高 1 修改名称为"1F"。在弹出的提示框

"是否希望重命名相应标高和视图?"中单击"是"按钮,标高的名称和视图的名称均会修改为
"1F"。同理修改剩余标高名称,如图 3-51 至图 3-54 所示。

图 3-51　重命名视图 1F　　　　　　　图 3-52　"是否希望重命名相应标高和视图?"提示框

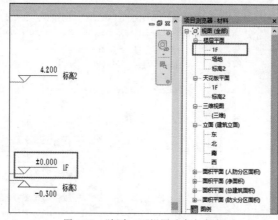

图 3-53　"标高 1F"视图重命名完成

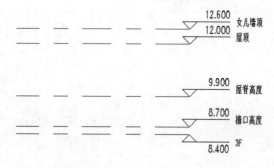

图 3-54　所有标高视图重命名完成

6.单击"视图"选项卡—"平面视图"—"楼层平面" 楼层平面 按钮,单击标高"3F",然后按住
"Ctrl"键单击标高"女儿墙顶""室外地坪",单击"确定"按钮即可为上述标高生成相应的楼

层平面视图,如图 3-55、图 3-56 所示。

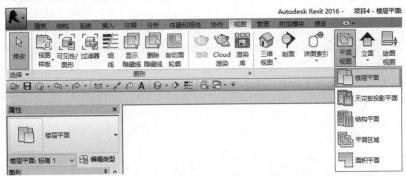

图 3-55 楼层平面的创立

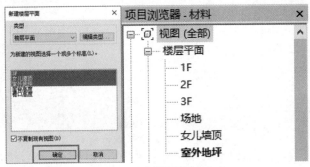

图 3-56 对应楼层平面的生成

3.4.3 设置轴网

1.标高创建完毕后,单击"项目浏览器"—楼层平面—"1F",进入 1F 楼层平面视图,单击"轴网"进入"修改|轴网"选项卡,绘制第一条轴线,并勾选类型参数中的"平面视图轴号端点1(默认)"选项,轴线中段选择"连续",完成 1 号轴线的绘制。如图 3-57 所示。

(a)设置轴线属性

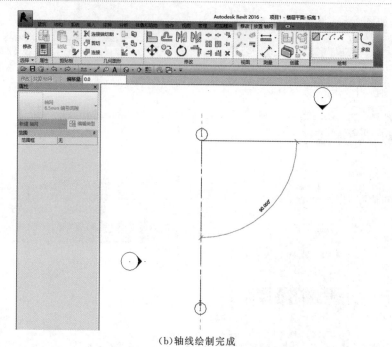

（b）轴线绘制完成

图 3-57   1 号轴线的绘制

2.选择 1 号轴线,单击"修改"选项卡—"复制" 按钮,选项栏勾选正交约束选项下的 "约束"和"多个"。移动光标在 5 号轴线上单击捕捉一点作为复制参考点,然后水平向右移 动光标,输入间距值"4500",然后按"Enter"键确认,保持光标位于新复制的轴线右侧,再输 入"7500"后按"Enter"键确认,以此类推输入"5800""4150"重复上述操作,直至竖直轴线绘 制完成(轴线间距详见本书 2.4.2 图纸解析)。如图 3-58 所示。

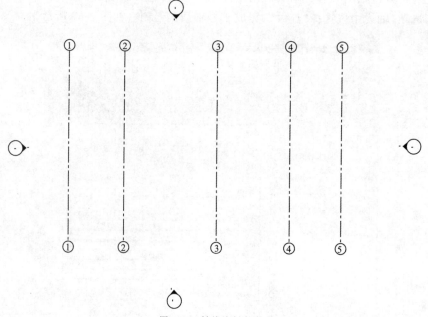

图 3-58   轴线绘制完毕

3.沿水平绘制第一条水平轴线,用"拾取线"的方法绘制其他水平轴网。单击"建筑"选项卡—"基准"面板—"轴网"按钮，单击"绘制"面板中的"拾取线"按钮，偏移输入"7050.0"，移动光标在 A 轴线上部，此时出现了一条浅蓝色虚线，单击"确定"按钮后完成 B 轴线的绘制。使用同样的方式再偏移，完成所有水平轴线的绘制（轴线间距详见本书 2.4.2 图纸解析），至此轴网绘制完成，如图 3-59、图 3-60 所示。

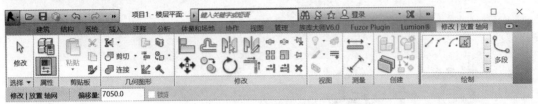

图 3-59　设置偏移量

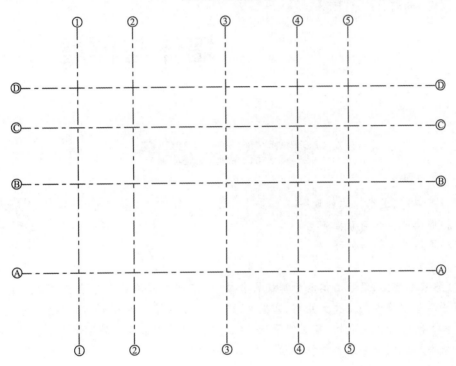

图 3-60　轴网绘制完毕

第4章

墙体与幕墙

【本章重点】

(1)基本墙、复杂墙的创建

(2)墙体的编辑与布置

(3)幕墙的编辑与创建

思政目标

【教学目标】

　　熟悉基本墙体、复杂墙体的绘制编辑和修改,掌握幕墙的定义与绘制。掌握使用"建筑""墙"命令创建内外墙及女儿墙;掌握使用"对齐"命令修改墙体位置;掌握使用"不允许连接"命令断开墙体关联性;掌握使用"过滤器""复制到剪贴板""粘贴""与选定的标高对齐"等命令快速创建并绘制墙体。通过学习 Revit 中各类墙体的绘制、编辑和修改,完成建筑基本的模型构件,学习掌握更加灵活复杂的建筑构件。

　　前三章已经了解了 Revit 软件及其基本操作命令的介绍,学习了标高轴网的创建与编辑,本章将以 Revit 软件为操作软件进行项目基本墙体、复杂墙体以及幕墙的绘制,完成墙体的创建是学习后续操作的基础。

本节知识点

4.1　创建与编辑墙体

4.1.1　墙体结构

　　1.Revit 中的墙包含多个垂直层或者区域,墙的类型参数"结构"中定义了墙的每个层的位置、功能、厚度、材质。

2.Revit 中设置了 6 种层：面层 1[4]、涂膜层、保温层/空气层[3]、衬底[2]、结构[1]、面层 2[5]，如图 4-1 所示。

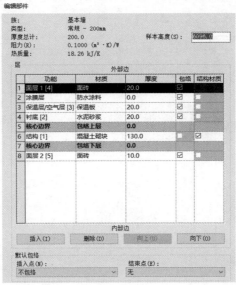

图 4-1 墙体结构

（1）面层 1[4]：面层 1 通常是外层。

（2）涂膜层：通常用于防止水蒸气渗透的薄膜。涂膜层的厚度应该为零。

（3）保温层/空气层[3]：隔绝并防止空气渗透。

（4）衬底[2]：作为其他材质的基础材质（例如胶合板或石膏板）。

（5）结构[1]：支撑其余墙、楼板或屋顶的层。

（6）面层 2[5]：面层 2 通常是内层。

注意：

[]内的数字代表优先级，数字越大，该层的优先级越低级，当墙与墙相连时，Revit 会首先连接优先级最高的层，然后连接优先级低的层。

4.1.2 创建基本墙体

在 Revit 中，"墙"属于系统族，共有 3 种类型的墙体，基本墙、复杂墙和幕墙。单击"建筑"选项卡—"构建"面板—"墙"—"墙:建筑" 按钮，自动切换至"修改｜放置 墙"选项，"绘制"面板中出现的绘制方式，如图 4-2 所示。

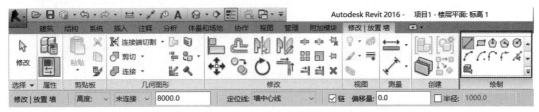

图 4-2 选择适合的绘制方式

1.可以选择单击直线、矩形、多边形、弧形墙体等按钮，进行墙体的绘制。以

"绘制"面板中的"直线"工具为例,在选项栏中设置墙高度、定位线、偏移量、链;在属性对话框中设置墙体类型及参数,然后在显示与工作区域开始绘制,如图4-3、图4-4所示。

图4-3 墙体"属性"对话框

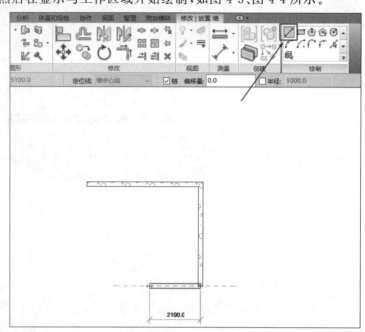

图4-4 选择"直线"工具绘制墙

2.通过拾取线生成墙体:如果导入或链接的CAD平面图作为底图,可以选择"拾取线"命令,鼠标拾取CAD平面图的墙线,自动生成Revit墙体,如图4-5所示。

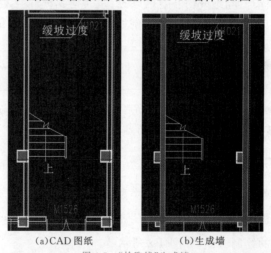

(a)CAD图纸　　　　(b)生成墙

图4-5 "拾取线"生成墙

3.通过"拾取面"命令生成墙体:主要应用在体量的面墙生成,本小节不涉及体量建模,具体操作步骤详见12.3小节。

4.可通过尺寸驱动、鼠标拖曳控制柄修改墙体位置、长度、高度,如图4-6所示。

注意:

绘制墙体时需要顺时针绘制,因为在Revit中有内墙面和外墙面之分,或者选择墙并单击空格键实现内外墙面的翻转。

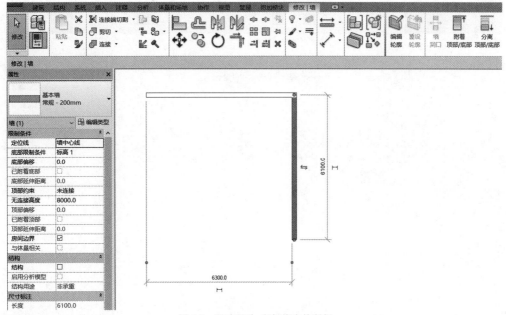

图 4-6 尺寸驱动、鼠标拖曳控制柄

4.1.3 编辑墙体

1.更改墙类型与墙属性

(1)更改墙类型,选择墙体,自动激活"修改|墙"选项卡,单击"属性"面板—"下拉箭头"—选择墙体类型,如图 4-7 所示。

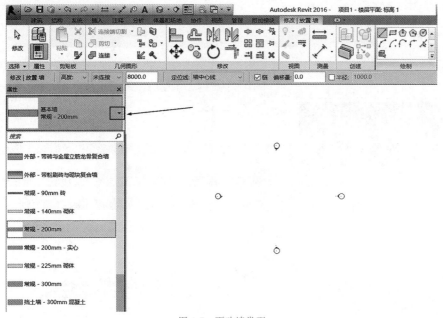

图 4-7 更改墙类型

(2)更改墙属性,在"属性"面板中,设置所选择墙体的定位线、高度、"底部和顶部限制条件"的设置和偏移、结构用途等特性,可结合选项栏设置,如图 4-8 所示。

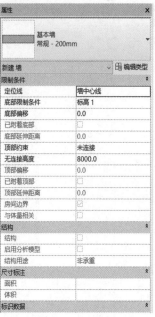

图 4-8　修改墙体属性

2.设置墙的类型参数

(1)墙的类型参数可以设置不同类型墙的粗略比例填充样式、墙的结构、材质等。选择一面已经创建好的墙体，单击"属性"面板—"编辑类型"，弹出"类型属性"对话框，单击"预览"按钮可查看设置样式，如图 4-9 所示。

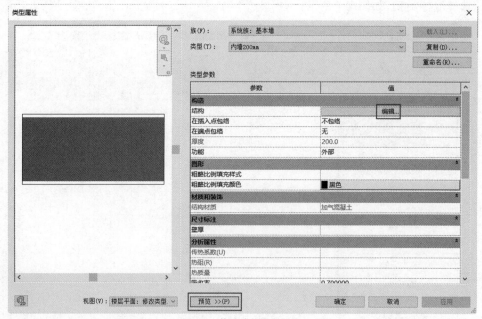

图 4-9　修改墙的类型属性

(2)单击类型参数"构造"栏中"结构"对应的"编辑…"按钮，弹出"编辑部件"对话框，墙体构造层厚度及位置关系(可以利用"向上""向下"按钮调整)可以由用户自行定义，如图 4-10 所示。

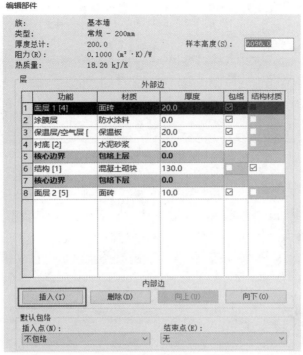

图 4-10 墙体的"编辑部件"对话框

（3）在"类型属性"对话框里单击"图形"—"粗略比例填充样式"—"填充图案"，可以对材质细节进行设定，如图 4-11 所示。

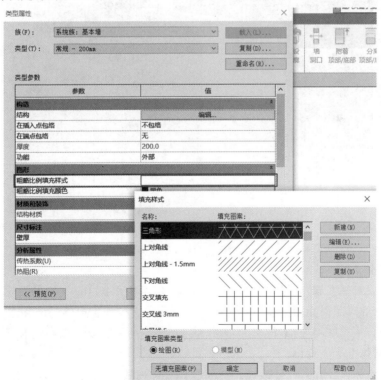

图 4-11 填充样式

（4）移动、复制、旋转、阵列、镜像、对齐、拆分、修剪偏移等，所有常规编辑命令同样适用墙体的编辑，如图4-12所示。

图4-12　"修改"面板

（5）附着/分离。选择墙体，自动激活"修改|墙"选项卡，单击"修改|墙"面板—"附着顶部/底部"按钮，如图4-13所示，然后拾取屋顶、楼板或参照平面，可将墙连接到屋顶、楼板、参照平面上，墙体形状自动发生变化；单击"修改|墙"面板—"分离顶部/底部"按钮，可将墙从屋顶、楼板、参照平面上分离开，墙体形状恢复原状。

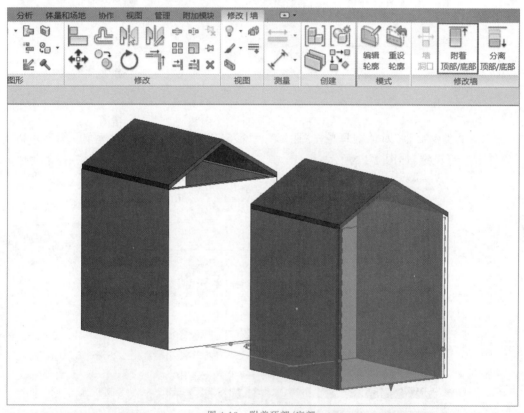

图4-13　附着顶部/底部

3.编辑墙体轮廓

Revit可以对基本墙、叠层墙和幕墙编辑墙轮廓。事实上，Revit中的墙图元，可以理解为基于立面轮廓草图根据墙类型属性中的结构厚度定义拉伸生成的三维实体。在编辑墙轮廓时，轮廓线必须首尾相连，不得交叉、开放或重合，并且轮廓线可以在闭合的环内嵌套，墙体轮廓将在墙体上生成洞口。

（1）选择墙体，自动激活"修改|墙"选项卡，单击"模式"面板下的"编辑轮廓"按钮，弹出"转到视图"对话框，选择任意立面进行操作，进入绘制轮廓草图模式，如图4-14所示。

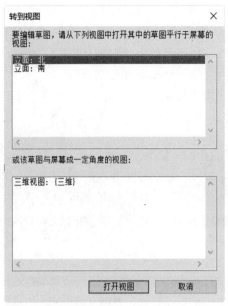

图 4-14　"转到视图"对话框

（2）在立面上用"线"工具和"修改"面板的工具绘制封闭轮廓，单击"完成编辑模式"
按钮可生成任意形状的墙体，如图 4-15 所示为使用"圆形"工具编辑轮廓。

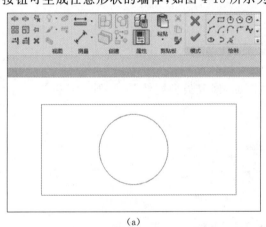

（a）

（b）

图 4-15　编辑墙轮廓

（3）同时，如需一次性还原已编辑过轮廓的墙体，可选中该墙体，单击"重设轮廓"按钮，
如图 4-16 所示，就可以删除用户编辑的轮廓形式，将其还原成默认绘制状态。

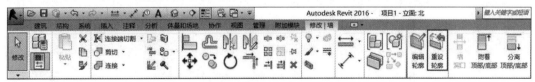

图 4-16　"重设轮廓"被激活

4.关于墙饰条与分割条

（1）墙饰条是指在原始墙体基础上单独添加的装饰条。使用"墙:饰条"工具向墙中添加
踢脚板、冠顶饰或者其他类型的装饰用水平或者垂直投影。而分隔条则是在原始墙体基础

上,将墙体挖出一条沟槽出来。两者效果恰恰相反,一个是凸出来,另一个则是凹进去。

(2)添加墙饰条与分隔条的方式有两种,一种是设置墙体结构时直接添加墙饰条,将墙饰条与墙体整合在一起。另一种则是使用"墙:饰条"或者"墙:分隔条"工具单独添加。

【方法一】设置墙体结构时添加墙饰条和分割条

①在属性面板中选择需要添加墙饰条的墙类型,然后单击"编辑类型",弹出"类型属性"对话框,再次单击"编辑..."按钮,如图4-17所示。

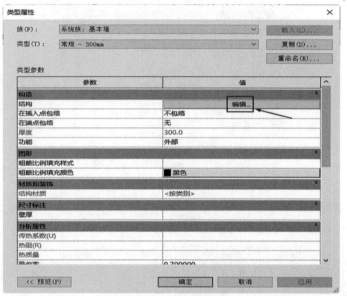

图4-17　单击"编辑..."按钮

②在"编辑部件"对话框中,单击"预览"—"剖面:修改类型属性"—"墙饰条"按钮,如图4-18所示。

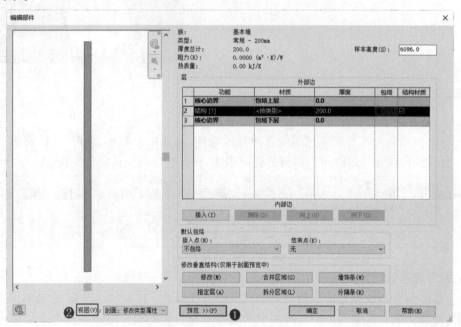

图4-18　单击"墙饰条"按钮

③在弹出的"墙饰条"对话框中,单击"添加"按钮—设置"墙饰条"轮廓、材质、距离;如果没有合适的轮廓还可以单击"载入轮廓"按钮,载入新的轮廓族,如图 4-19 所示。

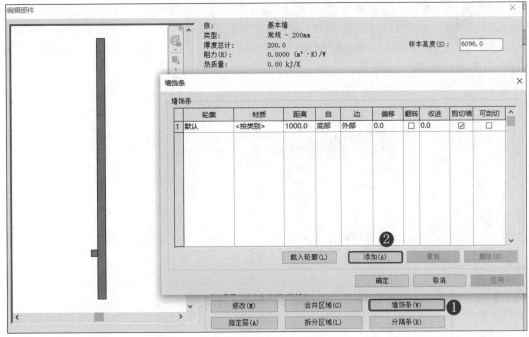

图 4-19 单击"添加"按钮

④在"编辑部件"对话框中,单击"分隔条"按钮,与添加墙饰条操作一致,在弹出的"分割条"对话框下完成对分隔条属性的定义,如图 4-20 所示。

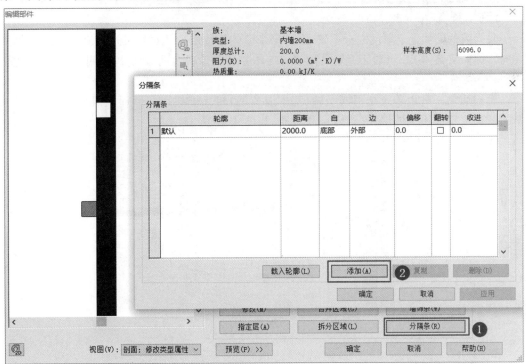

图 4-20 编辑分隔条属性

⑤生成三维效果图,如图4-21所示。

【方法二】直接在墙体上添加墙饰条和分割条

①切换到三维或立面视图中,然后单击"建筑"选项卡—"构建"面板—"墙"下拉菜单—"墙:饰条"按钮,在绘制好的墙体基础上,单击放置墙饰条,如图4-22所示。

②单击"建筑"选项卡—"构建"面板—"墙"下拉菜单—"墙:分割条"按钮,在墙体上即可绘制"分割条",如图4-23所示。

图4-21 附有墙饰条以及分隔条的墙体　　图4-22 直接在墙体上添加墙饰条　　图4-23 直接在墙体上添加分隔条

本节知识点

4.2　二　创建与编辑复杂墙

4.2.1　复杂墙的分类

1.复合墙

复合墙的墙体上下厚度完全一致,但是每个墙体构造层次的材料的厚度在不同的标高处不同。例如某墙体1.5 m以下是瓷砖墙裙,1.5 m以上是涂料墙面,就可以采用复合墙来建模。

2.叠层墙

叠层墙是一种由若干个不同子墙(基本墙类型)相互堆叠在一起而组成的主墙,可以在不同的高度定义不同的墙厚、复合层和材质,如图4-24所示。

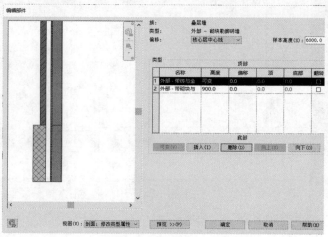

图4-24 叠层墙设计

3.异形墙

所谓异形墙,就是不能直接应用绘制墙体命令生成的造型特异的墙体,如倾斜墙、扭曲墙等。这类墙体在 Revit 中可以采用体量来生成墙体或者用内建族的方法生成墙体,一般而言,通过体量生成墙体可以绘制某些复杂形状的墙。

4.2.2 创建与编辑复合墙

1.单击"建筑"—"墙:建筑"—"属性"面板—"类型属性"—"结构-编辑",弹出"编辑部件"对话框,单击"插入"按钮添加构造层,并且能为其制定功能、材质、厚度,使用"向上""向下"按钮可调整其位置,如图 4-25 所示。

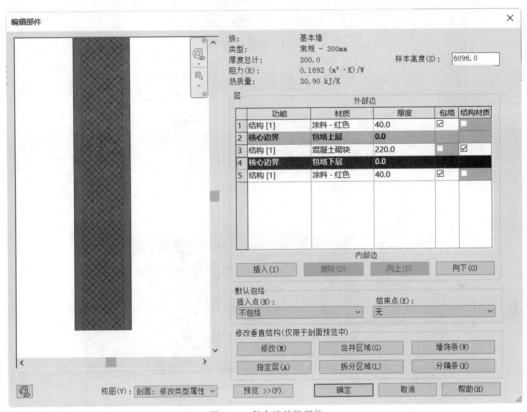

图 4-25 复合墙编辑部件

2.单击"修改垂直结构"—"拆分区域"按钮,将一个构造层拆分,选择需要拆分的位置即可拆分。

3.单击"修改"命令可修改尺寸,选择拆分边界再选择蓝色临时尺寸标注可以调整拆分位置。

4.选择要更改的构造层,单击"插入"按钮,新插入构造层后,并指定新材质,单击新建构造层,再单击"指定层"按钮,即在剖面视图中选中需要改变的构造部分,再单击"修改"按钮,即完成复合墙的编辑,如图 4-26、图 4-27 所示。

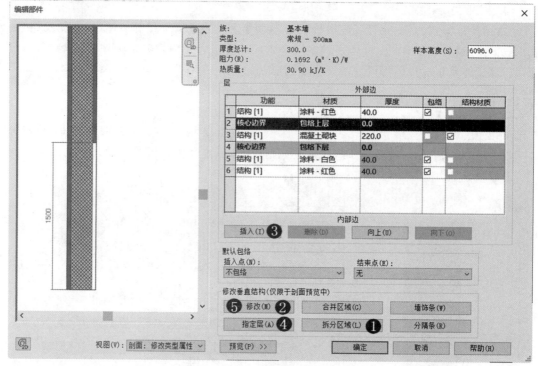

图 4-26 修改构造层

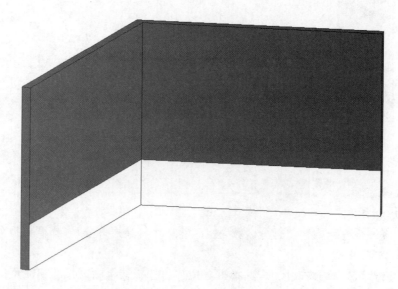

图 4-27 复合墙

4.2.3 创建与编辑叠层墙

单击"属性"面板—"下拉菜单"—"叠层墙:外部-砌块勒脚砖墙"—"编辑类型"—"结构-编辑",弹出"编辑部件"对话框,在此对话框可插入子墙,也可编辑子墙的类型和所在位置及高度,如图 4-28 所示。

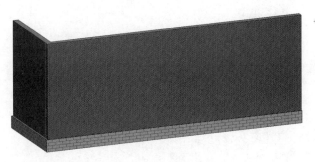

图 4-28　叠层墙

4.2.4　创建与编辑异形墙

异形墙的创建主要是通过体量完成,本小节不涉及体量建模,具体操作步骤详见 12.3 小节。

4.3　创建与编辑幕墙

本节知识点

4.3.1　创建与绘制幕墙

1.幕墙

Revit 幕墙也是墙体类型之一,是一种薄的且带有铝框的墙,由幕墙网格、幕墙竖梃和幕墙嵌板组成,如图 4-29 所示。它附着在建筑结构中,而且不承担建筑的楼板或者屋顶荷载,可以像绘制基本墙一样绘制幕墙。

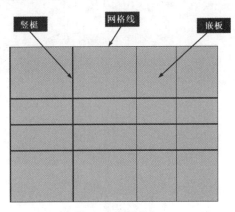

图 4-29　幕墙结构

幕墙默认有三种类型:店面、外部玻璃、幕墙。三者的区别是:幕墙是未做网格的预先划分;店面的网格划分比较大;外部玻璃的网格划分比较小,与常规玻璃相当,如图 4-30 所示。幕墙的竖梃样式、网格分割形式、嵌板样式以及定位关系皆可以修改。

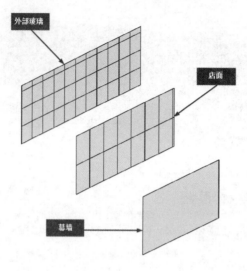

图 4-30　幕墙分类

2.绘制幕墙

单击"建筑"选项卡—"构建"面板下—"墙"—"墙：建筑"—"属性"面板—"幕墙"按钮,用创建普通墙的方式绘制幕墙,如图 4-31 所示。

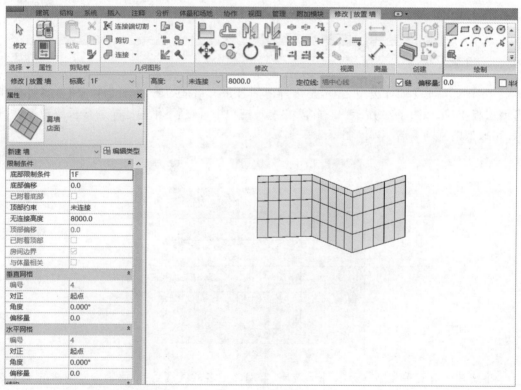

图 4-31　绘制幕墙

注意：

当绘制弧形幕墙时,若没有网格线,此时所绘制的幕墙以带有弧线的直墙形式存在,需添加网格线使其呈现弧线效果,如图 4-32 所示。

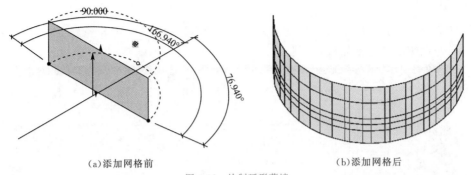

(a)添加网格前   (b)添加网格后

图 4-32   绘制弧形幕墙

3.图元属性修改

【方法一】对于外部玻璃和店面类型的幕墙,可采用参数控制幕墙网格的布局模式、网格之间的距离值及对齐、旋转角度和偏移值。选择幕墙,自动激活"修改|墙"选项卡,单击"属性"面板—"编辑类型"按钮,弹出"类型属性"对话框,可编辑幕墙的实例和参数类型,如图 4-33 所示。

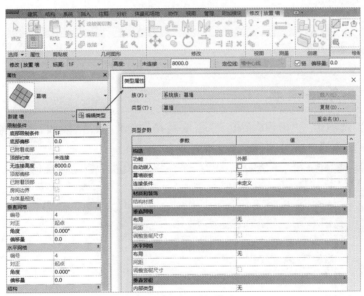

图 4-33   图元属性修改

【方法二】手动调整幕墙网格间距,选择幕墙网格(按"Tab"键切换选择),点开锁标记,即可以修改网格临时尺寸,如图 4-34 所示。

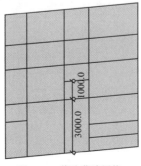

图 4-34   修改幕墙网格

4.编辑立面轮廓

选择幕墙,自动激活"修改|墙"选项卡,单击"模式"面板—"编辑轮廓"按钮,即可像基本墙一样任意编辑其立面轮廓,如图4-35所示。

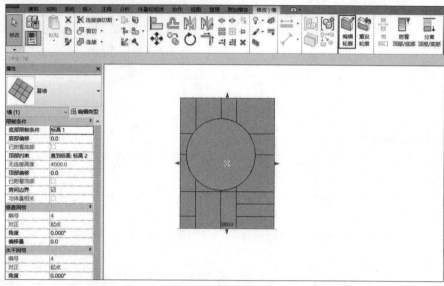

图4-35　编辑幕墙轮廓

4.3.2　划分幕墙网格

单击"建筑"选项卡—"构建"面板—"幕墙网格"按钮,激活"修改|放置幕墙网格"选项卡,可以整体分割和局部细分幕墙嵌板,如图4-36所示。

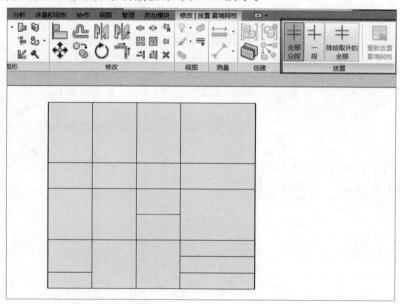

图4-36　添加幕墙网格

注意:

1.全部分段:单击添加整条网格线。

2.一段:单击添加一段网格线细分嵌板。

3.除网格拾取外的全部:单击先添加一条红色的整条网格线,再单击某段变为红色虚线,删除,其余的嵌板添加网格线。

4.3.3 设置幕墙竖梃

单击"构建"面板—"竖梃"—"属性"面板—"下拉菜单"—"矩形竖梃-30mm 正方形",设置竖梃的相应属性,选择合适的创建命令拾取网格线添加竖梃,如图 4-37、图 4-38 所示。

图 4-37 设置竖梃属性

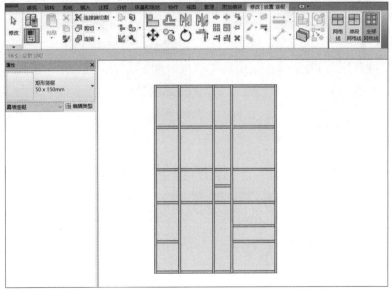

图 4-38 添加幕墙竖梃

4.3.4 墙体内嵌幕墙

1.单击"建筑"选项卡—"构建"面板—"墙:建筑"—"属性"面板,选择一种墙体进行实体创建。

2.单击"建筑"选项卡—"构建"面板—"墙"—"墙:建筑"—"属性"面板—"幕墙"按钮,在实体墙体上再次进行绘制,如图4-39所示。

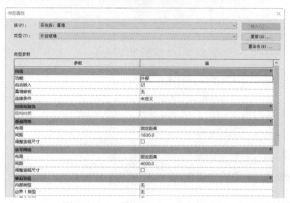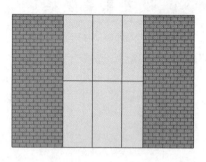

图4-39 墙体内嵌幕墙

注意:

此时必须选中幕墙的类型属性窗口下的"自动嵌入"。

4.3.5 替换幕墙嵌板

在实体幕墙基础上,单击"幕墙嵌板"—"下拉菜单"—"系统嵌板"按钮,如图4-40所示。

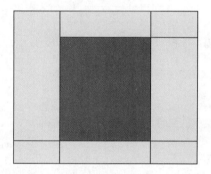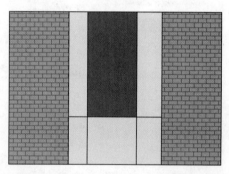

图4-40 替换幕墙嵌板

本节知识点

4.4 案例讲解与训练

4.4.1 定义与绘制普通墙

1.双击启动Revit,打开前面操作的"疗养院4号楼"项目文件,双击"项目浏览器"—"1F",打开一层平面视图。

2.单击"建筑"选项卡—"构建"面板—"墙"工具→"墙:建筑"按钮,如图4-41所示。

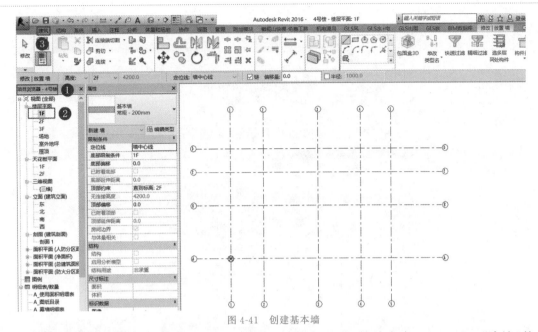

图 4-41　创建基本墙

3.单击"属性"面板—"编辑类型"—"复制"—重命名为"外墙白色250mm"—"确认"按钮,如图 4-42 所示。

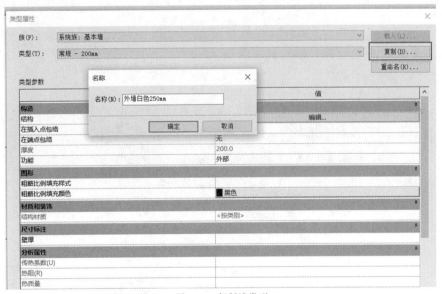

图 4-42　复制墙类型

注意:

在 Revit 当中,"功能"用于定义墙的用途,它反映墙在建筑中所起的作用。Revit 提供了外墙、内墙、挡土墙、基础墙、檐底板及核心竖井 6 种墙功能。在管理墙时,墙功能可以作为建筑信息模型中信息的一部分,用于对墙进行过滤、管理和统计。

4.单击"编辑..."—打开"编辑部件"对话框后,单击"插入"按钮,按照图纸要求插入墙体结构层,并修改其材质以及厚度,如图 4-43 所示。

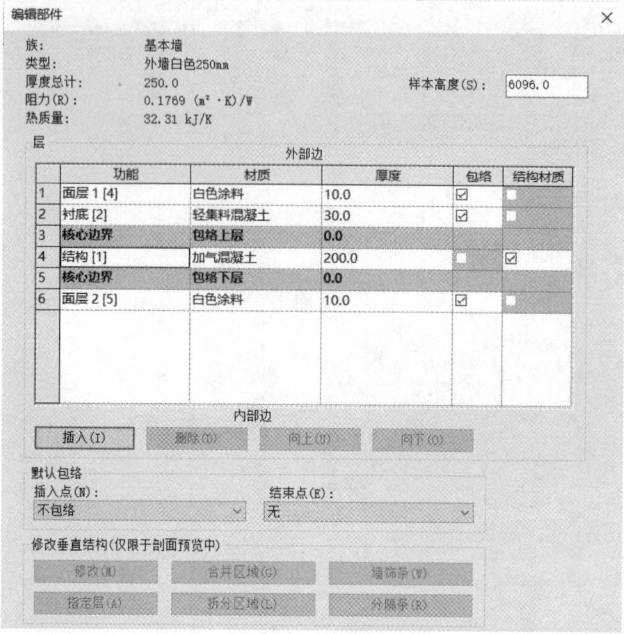

图 4-43　定义墙体结构

5.对于面层 1[4]定义材质：单击面层 1[4]—“按类别”—“浏览”按钮，可进入材质浏览器定义材质。

6.在材质浏览器中搜索“涂料”，将材质添加到文档中，单击“涂料-黄色”—右击“复制”—涂料命名为“白色涂料”，如图 4-44 所示。

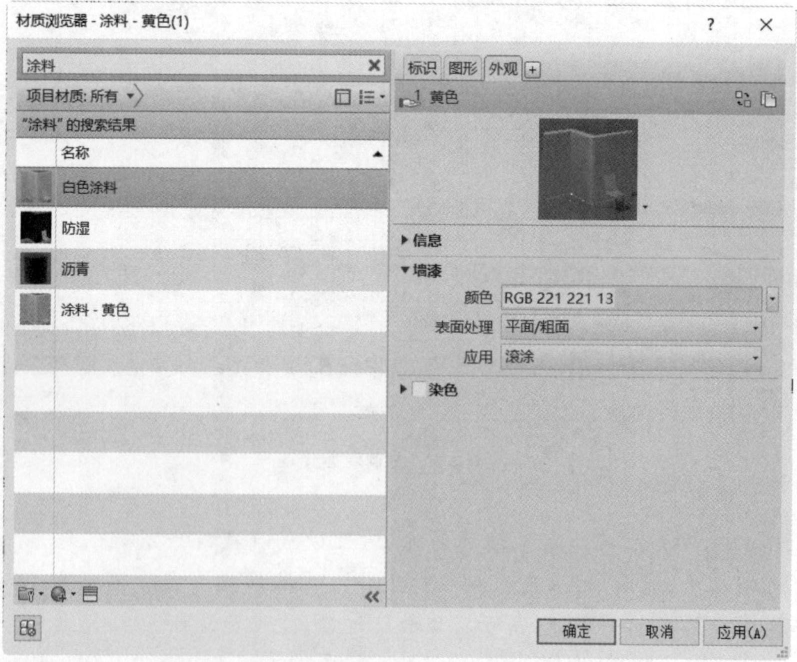

图 4-44　重命名面层 1[4]的材质

7.需要单击“材质浏览器”对话框右侧的“外观”按钮，再单击“复制此资源”功能，单击“信息”下拉按钮，更改名称为“白色涂料”，单击“颜色”，选择“白色”，进行材质颜色更改，单击"图形"按钮,勾选"使用渲染外观",单击"确定"按钮,完成颜色替换。单击"表面填充图案",可以对表面填充颜色进行设置;单击"截面填充图案",对截面图案进行设置。在本项目的施工说明中并未说明,故这两项选择"无",如图 4-45 所示。

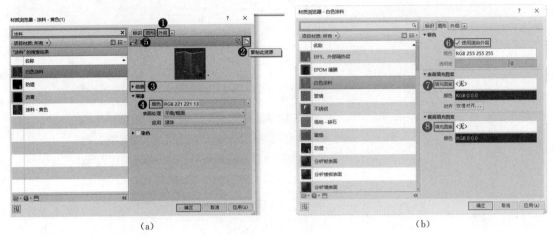

(a)   (b)

图 4-45　更改材质

8.按照前面的方法设置结构[1]材质,"表面填充图案"为无,"截面填充图案"选择"砌体-加气砼",如图 4-46 所示。

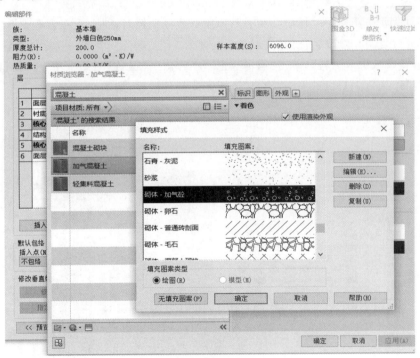

图 4-46　定义结构[1]材质

9.单击"类型属性"—"预览"按钮,可以预览已经编辑好的墙体,如图 4-47 所示。

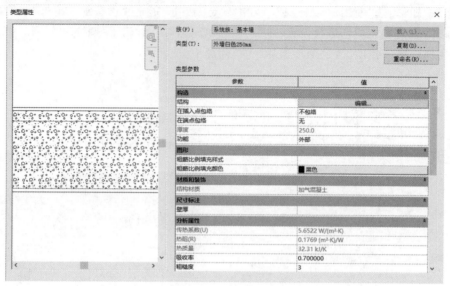

图 4-47　预览墙体结构

10.对于"外墙木条纹 250mm"的墙体与"外墙白色 250mm"仅在"面层 1[4]"不一样,所以,可以在"外墙白色 250mm"的基础上进行创建。选择"外墙白色 250mm",单击"编辑类型",单击"复制",更改名称为"外墙木条纹 250mm"。

11.单击"面层 1[4]"—"材质"—"…",弹出材质浏览器对话框,在搜索框中搜索"白色涂料",对其进行复制并修改名称为"金属条板仿木涂料"。单击"外观"—"复制此资源",更改信息为"金属条板仿木涂料",单击"编辑颜色",在弹出的"颜色"对话框中,将"RGU"值分别设置为 R:255、G200、U145,单击"确定"按钮完成颜色设置,如图 4-48 所示。

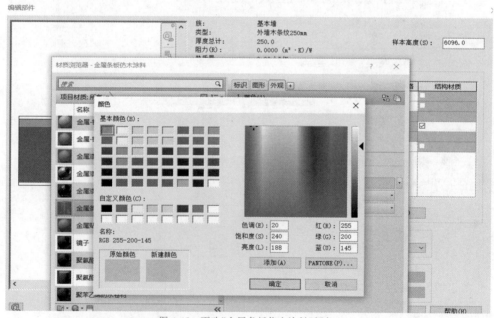

图 4-48　更改"金属条板仿木涂料"颜色

12.单击"图形"—"使用渲染外观","表面填充图案"设为"垂直","截面填充图案"设为"无",单击"确定"按钮,完成"金属条板仿木涂料"材质定义,如图 4-49 所示。

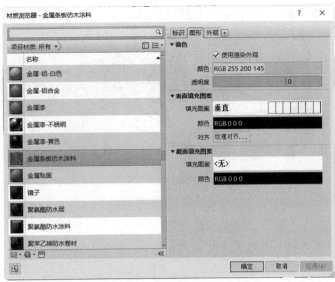

图 4-49　定义"金属条板仿木涂料"图形

13.重复上述操作,完成其他类型墙体的属性定义。

14.完成所有类型墙体的属性定义后,按照图纸要求,选择不同的墙体进行绘制。激活"修改|放置 墙"后,在选项栏中选择"高度""2F",用于设定绘制墙的立面是从一层到二层,设置定位线:"墙中心线",勾选"链",使用"直线"绘制工具在 1F 楼层平面绘制墙体,如图4-50 所示。

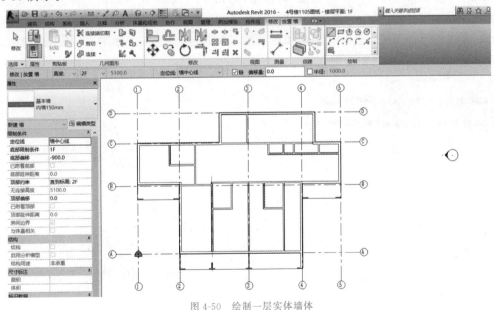

图 4-50　绘制一层实体墙体

注意:

(1)勾选"链"的作用是当绘制完成一段墙后,可以连续绘制其他墙,使其首尾相连。

(2)绘制时,Revit 将墙绘制方向的左侧设置为"外部"。因此,在绘制外墙时,如果采用"顺时针"方向绘制,即可保证绘制的墙体有正确的"内外"方向。单击选中墙体可按空格键改变方向。

15.单击"项目浏览器"—"三维"按钮,将显示项目的三维效果,如图 4-51 所示。

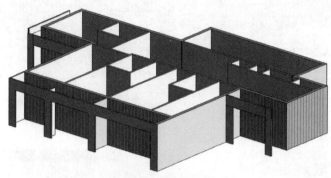

图 4-51　一层墙体三维图

注意:

如果显示不出设置的墙体颜色和填充图案时,可单击视图控制栏中的"视觉样式",使用"着色""一致的颜色"。

16.一层墙体绘制完毕后,单击"项目浏览器"—"楼层平面"—"2F",打开二层平面视图,按照二层墙体平面图绘制二层实体墙体,创建流程与 1F 相同(由于墙体全部类型已创建完成,在此可以直接按照图纸进行绘制),在此不再赘述。

17.在对二层东面墙体进行绘制时,需对墙体进行编辑轮廓。墙体进行编辑轮廓时,可以先进行实体墙体的绘制,即首先完成东面墙体进行绘制。绘制完成后,选中墙体单击"模式"中的 "编辑轮廓",弹出"转到视图"对话框,如图 4-52(a)所示,选择"立面:东",转到东立面视图,此时"修改|墙"—"编辑轮廓"处于激活状态。选择"绘制"面板中的"直线"工具,按照二层墙体平面图纸以及东立面墙体图纸的具体尺寸(详见 2.4 小节)进行编辑轮廓,编辑完成的墙体如图 4-52(b)所示。

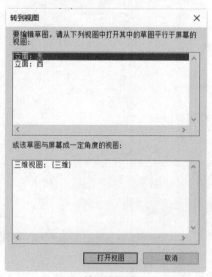

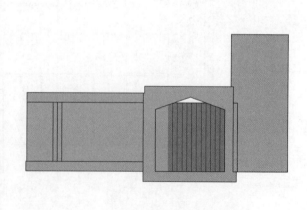

(a)"转到视图"窗口　　　　　　　　　(b)完成"编辑轮廓"后的墙体

图 4-52　编辑二层东立面墙体轮廓

18.按照图纸要求完成二层实体墙体后,打开三层平面视图,可参考上述步骤,绘制三层实体墙体,此处不多做赘述。"疗养院 4 号楼"普通墙体三维效果如图 4-53 所示。

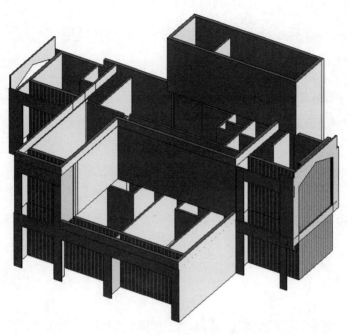

图 4-53 "疗养院 4 号楼"普通墙体三维效果图

4.4.2 定义与绘制幕墙

1.单击"项目浏览器"—"楼层平面"—"1F",切换到一层平面绘制幕墙。

2.单击"建筑"—"墙"下拉框—"墙:建筑"—"属性"面板—"幕墙"按钮,单击"编辑类型",弹出"类型属性"对话框,单击"复制"按钮,并更改名称为"疗养院 4 号楼北立面幕墙",如图 4-54 所示。

图 4-54 "复制"并更改幕墙名称

3.勾选"构造"下"自动嵌入"功能,在"幕墙嵌板"下拉框中选择"基本墙:外墙木条纹250mm",如图 4-55 所示。

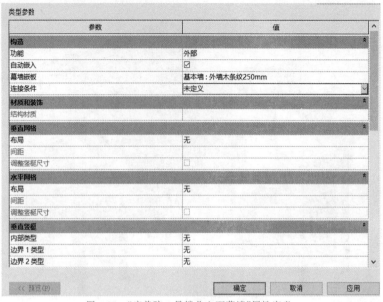

图 4-55 "疗养院 4 号楼北立面幕墙"属性定义

4.将"属性"面板的"底部约束"设为 2F、"底部偏移"改为"－900.0";"顶部约束"设为"直到标高 3F""顶部偏移"改为"900.0",如图 4-56 所示。

5.根据"疗养院 4 号楼平面图",定位幕墙位置,选择"绘制"面板的"直线"工具,绘制幕墙,绘制完成的幕墙如图 4-57 所示。

图 4-56 编辑幕墙标高

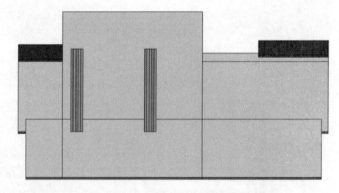

图 4-57 疗养院 4 号楼北幕墙

第 5 章

柱、门窗与家具

本章重点和教学目标

【本章重点】

(1)建筑柱的编辑与放置

(2)门窗的放置与修改

(3)家具的选择与布置

思政目标

【教学目标】

　　熟悉柱的编辑,掌握建筑柱实例属性的修改,掌握门窗的编辑,门窗的实例参数和类型参数的修改,室内家具和卫浴的布置。掌握使用"柱"命令放置建筑柱;掌握使用"过滤器""复制到粘贴板""粘贴""与选定的标高对齐"等命令快速创建建筑柱;掌握使用"门""窗""墙""建筑"等命令创建门、窗、幕墙及门联窗;掌握使用"全部标记"命令标记门构件和窗构件;掌握使用"插入""载入族"命令导入家具族;掌握使用"构件""放置构件"命令放置家具。

　　上一章已经了解了基本墙体和复杂墙体建模操作流程的详细介绍,学习了幕墙的编辑与绘制,本章将介绍柱的布置与编辑,介绍建筑设计中最常用的构件门窗与家具的选择和布置。

本节知识点

5.1　放置与编辑柱构件

5.1.1　建筑柱与结构柱

　　Revit中提供了两种不同功能和作用的柱：建筑柱和结构柱。建筑柱主要起装饰和围护作用，而结构柱则主要用于支撑和承载荷载；建筑柱适用于墙垛等柱子类型主要用于装饰；结构柱适用于钢筋混凝土柱等与墙材质不同的柱子类型，是承载梁和板等构件的承重构件；但建筑柱只能在平面和三维视图上绘制；在平面、立面和三维视图上都可以创建结构柱。

　　Revit中建筑柱和结构柱最大的区别在于：建筑柱可以自动继承其连接到的墙体等其他构件的材质，而结构柱的截面和墙的截面是各自独立的，如图5-1所示。

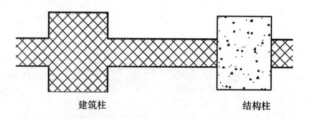

建筑柱　　　　　　　　　　结构柱

图5-1　建筑柱与结构柱对比

　　由于墙的复合层包括建筑柱，所以可以使用建筑柱围绕结构柱来创建结构柱的外装饰涂层，如图5-2所示。

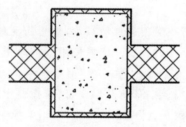

图5-2　建筑柱包括结构柱

5.1.2　放置建筑柱

　　1.单击"建筑"选项卡—"构建"面板—"柱"下拉菜单—"柱：建筑"按钮，进入建筑柱放置模式。此时软件切换至"修改|放置建筑柱"上下文选项卡，如图5-3所示。

图5-3　"建筑"选项卡

2.在属性面板的类型选择器下拉菜单中,选择合适的柱类型,或者单击属性面板中的"编辑类型"按钮,在打开的对话框中单击"复制"命令,创建新的尺寸规格,修改长度、宽度等参数,如图 5-4 所示。

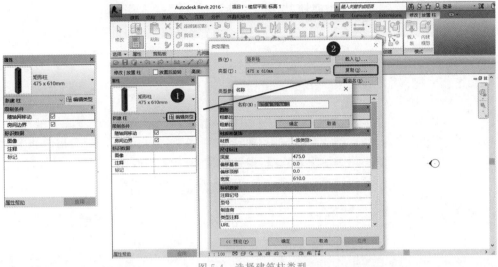

图 5-4 选择建筑柱类型

3.然后在工具选项栏中,设置柱的放置方式为"高度",标高为"标高 2",如图 5-5 所示。

图 5-5 建筑柱工具选项

4.接着在平面视图中视图,单击进行放置建筑柱,如图 5-6 所示。

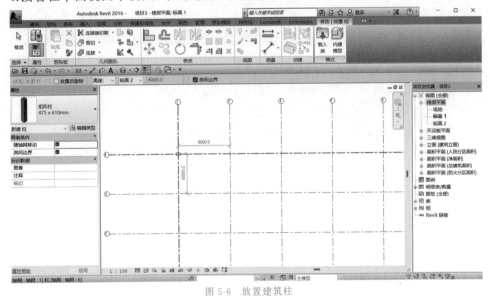

图 5-6 放置建筑柱

注意:

(1)放置柱时默认的放置方式为深度,也就是以当前标高为基准,向下进行放置。但当前我们所使用的是建筑样板,并且是在楼层平面当中进行放置,因为视图深度设置所以无法显示。而在结构平面中可以正常显示,符合结构工程师操作习惯。

(2)结构柱的插入与建筑柱类似,不再赘述。

5.1.3 编辑建筑柱

1.选中需要修改的建筑柱,在属性面板中可以调整柱标高、材质等属性,单击"编辑类型"按钮,可以修改建筑柱的类型属性,如图5-7所示。

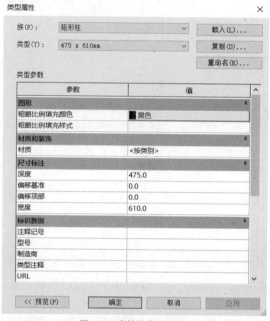

图5-7　建筑柱类型属性

2.更改建筑柱材质单击"材质和装饰"栏,如图5-8所示,选择所要的材质,单击"确定"按钮即可。

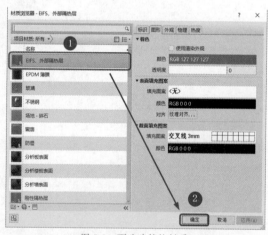

图5-8　更改建筑柱材质

注意:

当选择的柱类型不同时,实例属性参数与类型属性参数也会发生变化。

5.1.4 放置斜柱

1.创建斜柱的方式与创建垂直柱的方式基本相同,只是在结构柱选项卡下选择工具时将"垂直柱"改为"斜柱"。在属性面板类型选择器中，选择合适的柱类型，在放置面板当中单击"斜柱"选项，如图 5-9 所示。

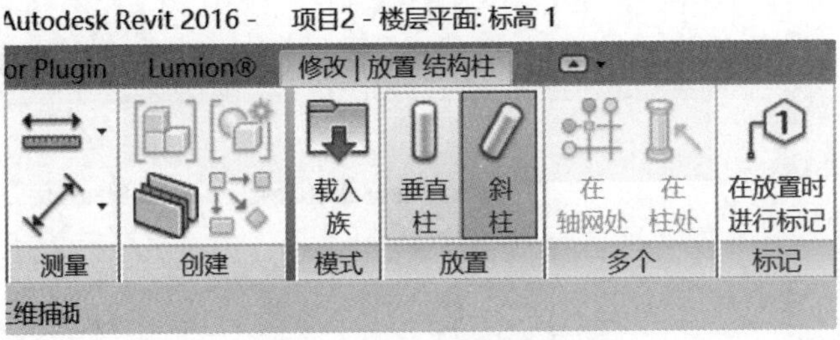

图 5-9 "斜柱"选项

2.在工具选项栏中，设置第一次单击标高及偏移值，第二次单击标高与偏移值，如图 5-10 所示。

图 5-10 斜柱工具选项

3.在平面视图中，第一次单击确定柱底位置，第二次单击确定柱顶位置，如图 5-11 所示。

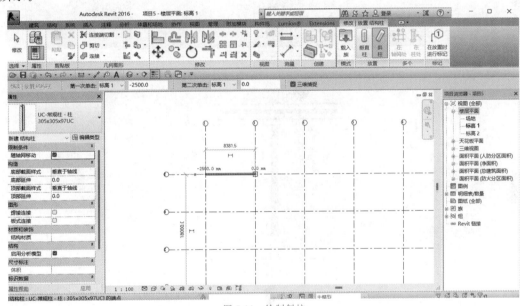

图 5-11 绘制斜柱

5.1.5 附着与分离柱

在 Revit 中建筑柱可以使用附着命令来实现与其他图元的附着，附着的对象可以是楼板、屋面，也可以是参照平面。

1.柱的附着

具体操作步骤是选中绘制好的建筑柱，然后单击"修改柱"面板—"附着顶部/底部"按钮，在工具选项栏中设置附着柱的顶或底，然后选择要附着的对象即可，如图 5-12 所示。

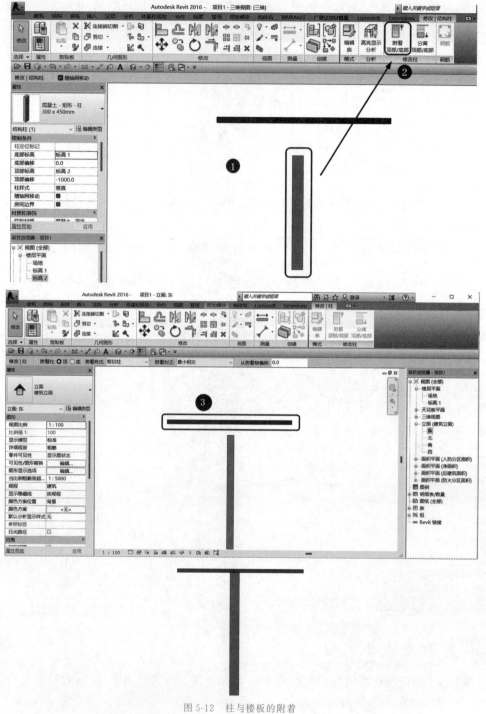

图 5-12　柱与楼板的附着

2.柱的分离

　　具体操作步骤是选中附着状态的柱,然后单击"修改柱"面板—"分离顶部/底部"按钮。在工具选项栏中设置附着柱的顶或底,然后选择要分离的对象即可,如图 5-13 所示。

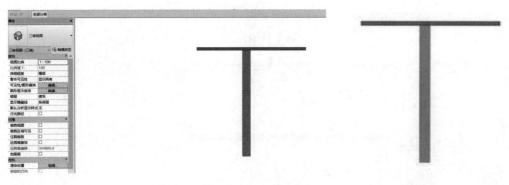

图 5-13 柱的分离

5.2 放置与编辑门窗

本节知识点

5.2.1 门、窗族的分类

在 Revit 中，使用"门""窗"工具在建筑模型的墙中放置门和窗，Revit 将自动剪切进墙以容纳门窗，因此必须先创建墙，创建墙时并不需要在门窗处断开，当创建时将会自动剪切，这种依赖于主体图元而存在的构件成为基于基础主体的构件。门窗图元都属于可载入族，可以通过新建和载入族的方式将各种门窗载入项目中使用。在 Revit 安装族库中，门族分别有普通门、卷帘门、装饰门等；窗族分别有百叶窗、平开窗、推拉窗等，用户也可以通过新建族，自定义新门窗族，如图 5-14 所示。

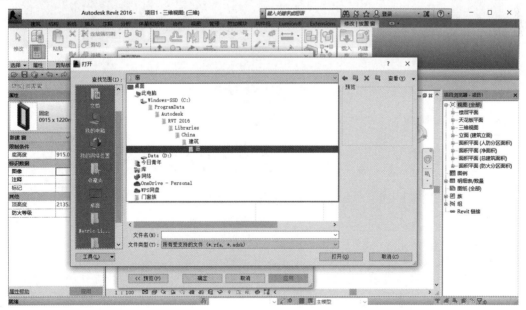

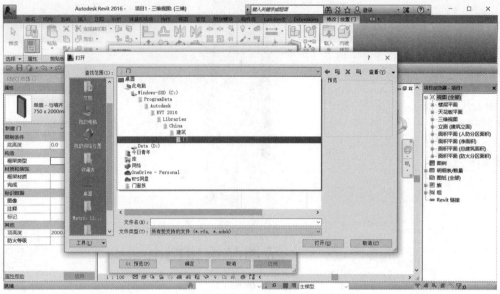

图 5-14　Revit 门、窗族位置

5.2.2　放置与编辑门

1.单击"建筑"选项卡—"构建"面板—"门",在属性面板中选择要放置的门类型,然后在基本墙或叠层墙基础上放置门,放置门时移动光标可以控制门的开启方向,按空格键可以控制门的左右翻转。放置完成后,选中门,同样可以使用空格键进行开启方向切换,也可以使用翻转符号,如图 5-15 所示。

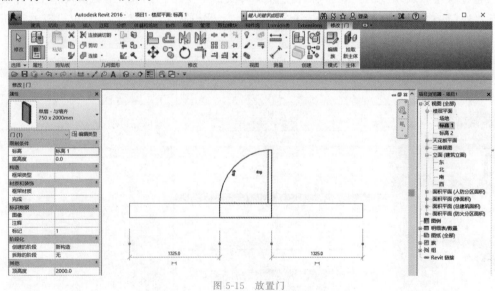

图 5-15　放置门

注意:

在视图中移动鼠标指针,当指针处于视图中的空白位置时,鼠标指针显示为 ⊘,表示不允许在该位置放置门图元。

2.选中需要修改的门,在属性面板中可以设置门所在标高、底高度等信息,如图 5-16 所示。

3.单击"编辑类型"按钮,打开"类型属性"对话框,在其中可以修改门的宽度、高度及其他尺寸参数,如图 5-17 所示。

图 5-16　门属性　　　　　　　　图 5-17　门类型属性

注意:

建议修改门尺寸时,先单独复制出一个新的类型,并命名好相应的名称,再进行修改工作。

5.2.3　放置与编辑窗

1.单击"建筑"选项卡—"构建"面板—"窗"按钮,在"属性"面板中选择要放置的窗类型,然后在基本墙或叠层墙上放置窗,如图 5-18 所示。

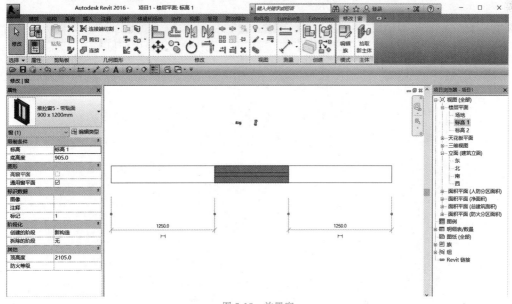

图 5-18　放置窗

2.选中需要修改的窗,在属性面板中可以设置窗所在标高、底高度等信息,如图 5-19 所示。

3.单击"编辑类型"按钮,打开"类型属性"对话框。在其中可以修改门的宽度、高度以及材质等信息,如图 5-20 所示。

图 5-19 窗属性

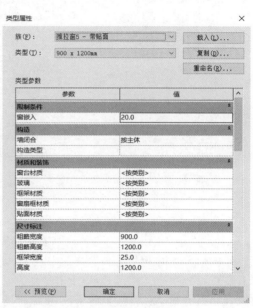

图 5-20 窗类型属性

注意:

如果在门窗属性对话框的类型选项中没有所要的门窗类型,可以通过"载入族"的方式将门窗载入。以门为例,单击门选项卡,"修改|放置 门"选项被激活,单击"属性"面板—"编辑类型"—"载入(L)"打开族文件,双击"建筑"—"门"—"普通门"—"平开门"—"单扇"—"单嵌板玻璃",如图 5-21 所示。

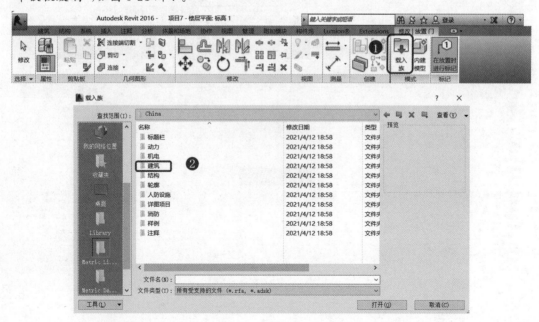

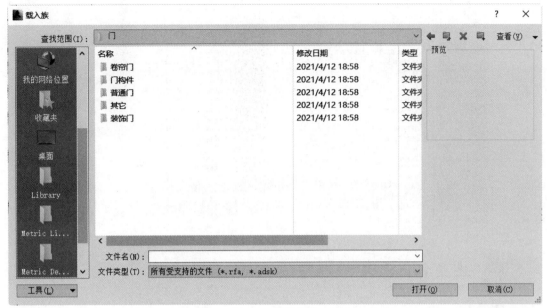

图 5-21 载入门族

5.3 布置家具

本节知识点

5.3.1 家具族

1.家具布置

在 Revit 中,主要通过"构件"工具进行布置,构件是可载入族的实例,可通过载入各类家具族进行布置,如图 5-22 所示。

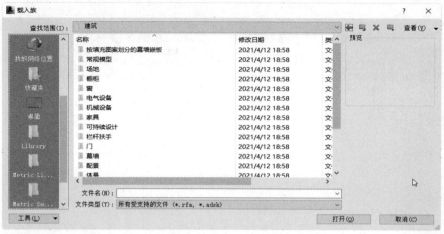

图 5-22　载入家具族

5.3.2　放置室内家具

1.载入家具族

启动 Revit,打开前面操作的项目文件,双击"项目浏览器"中的"楼层平面",双击"1F",打开一层平面视图,单击"建筑"选项卡—"构建"面板—"构件"工具,在"属性"面板中选择要载入的家具。以沙发为例,将光标移到需要放置沙发的位置,调整沙发的摆设方向,单击放置沙发,如图 5-23 所示。

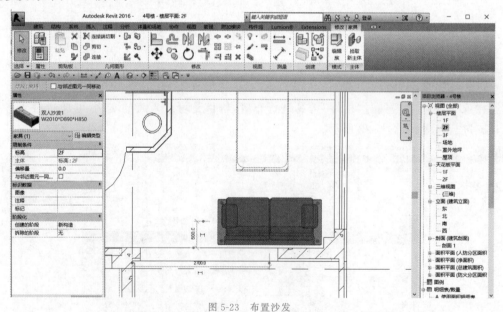

图 5-23　布置沙发

注意:

如果属性对话框的类型属性中没有所要的家具,可以单击"插入"选项卡—"载入族"工具,单击"建筑"—"家具"—"3D"文件,从程序族库中选择各式桌椅、装饰、沙发、柜子、床、系统家具载入项目中使用,也可从其他地方导入各式家具族并以同样的方式布置,如图 5-24所示。

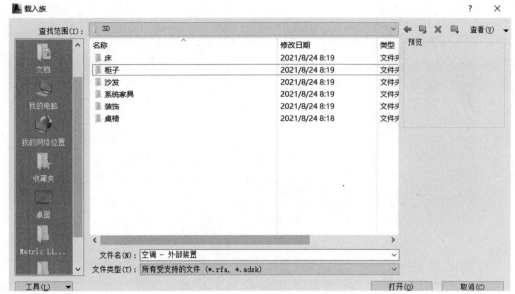

图 5-24 使用"插入"选项卡载入家具族

5.3.3 布置卫浴装置

1.卫浴装置

（1）卫生间是工作生活中必须使用的空间，因此在公共建筑、居住建筑和工业建筑中都离不开卫生间的布置，包括卫生间隔断、坐便器、蹲便器、小便斗、洗脸盆、浴盆等，洗脸盆可在视图的任意区域放置，但卫生间隔断、蹲便器、小便斗必须拾取到墙才能完成放置，如图5-25 所示。

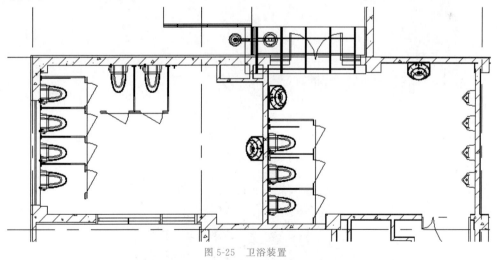

图 5-25 卫浴装置

（2）启动 Revit，打开某项目文件，单击"插入"选项卡—"载入族"工具，单击"建筑"—"专用设备"—"卫浴构件"—"盥洗室隔断"文件，从程序族库中选择某款厕所隔断载入项目中。也可以在其他地方导入隔断，如图5-26 所示。

图 5-26　载入厕所隔断

（3）单击"插入"选项卡—"载入族"工具，单击"建筑"—"卫浴器具"—"3D"—"常规卫浴"文件，从程序族库中选择各类洗脸盆、小便斗、坐便器、蹲便器、污水槽等载入项目中，也可以在其他地方导入卫浴装置，如图 5-27 所示。

图 5-27　载入卫浴装置

（4）转到三维视图，使用剖面功能找到一层卫生间的位置，在隔断内放置蹲便器，按空格键可以改变蹲便器的方向，并用光标拾取到墙的位置完成放置，如图 5-28 所示。

图 5-28　放置蹲便器

（5）使用相同的方法放置其他卫浴装置，可在三维视图中进行查看，如图 5-29 所示。

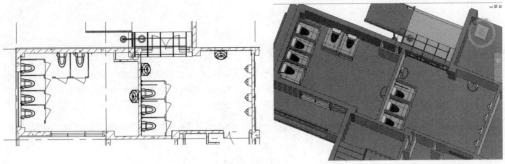

图 5-29　卫浴器具平面图与三维视图

5.4　案例讲解与训练

本节知识点

5.4.1　放置与编辑柱

由于第四章创建了建筑墙体，本章节在此基础上按照疗养院 4 号楼施工图纸创建柱。启动 Revit，打开"疗养院 4 号楼"项目文件。

1.柱的编辑

（1）在"项目浏览器"中展开"楼层平面"视图类别，双击"1F"切换至 1F 楼层平面视图，在"建筑"选项卡的"柱"工具下拉列表中，选择"柱：建筑"，如图 5-30 所示。

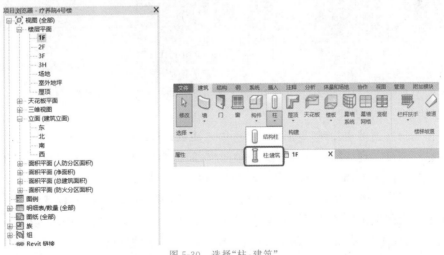

图 5-30　选择"柱：建筑"

（2）单击"属性"面板中的"编辑类型"，在"类型属性"对话框，单击"复制"命令，输入名称为"400＊400"，在"深度"位置输入"400"，"宽度"位置输入"400"，如图 5-31 所示。

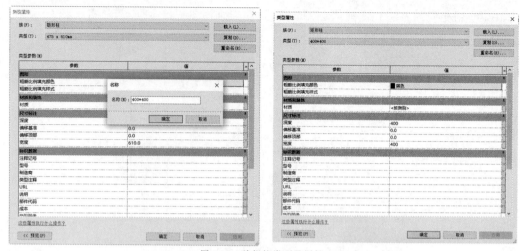

图 5-31　编辑柱类型及属性

（3）选择"材质"按钮下的"〈按类别〉"，进入"材质浏览器"，在搜索框中输入"混凝土"，在"搜索结果"中，选择"混凝土,现场浇注,灰色"材质，将其添加到文档中。右击新插入的材质，并将其重命名为"混凝土-现场浇注混凝土"如图 5-32 所示。

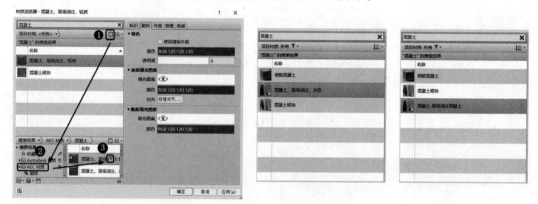

图 5-32　更改"400 * 400"建筑柱材质

2.柱的布置

（1）建筑柱定义完成后，开始布置构建。先进行"F1"楼层平面视图的建筑柱布置，根据图纸中建筑柱位置布置建筑柱。

（2）在"属性"面板中找到"矩形柱 400 * 400"，Revit 自动切换至"修改｜放置柱"选项卡，选项栏选择"高度"，到达标高选择"F2"。勾选"房间边界"。鼠标指针移动到 1 号轴线与 C 轴线交点位置处，单击，放置矩形柱 400 * 400，如图 5-33 所示。

（3）参照图纸中各柱的位置布置建筑柱，布置时可根据图纸中柱的位置依次布置建筑柱，对于不符合图纸位置的柱子可用修改选项卡下的"对齐"命令进行移动，以 1 号轴与 C 轴线交点处的柱子为例，先单击轴网，再单击柱的边界。移动柱的位置，移动后的位置如图 5-34 所示。

（4）按照上述操作，布置 1F 的全部建筑柱。如图 5-35 所示。

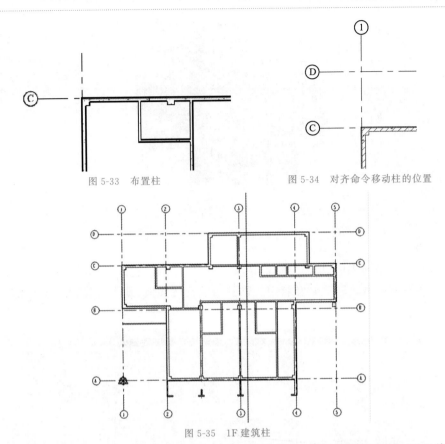

图 5-33 布置柱　　　　　　　　　图 5-34 对齐命令移动柱的位置

图 5-35 1F建筑柱

（5）根据4号楼施工图中依次布置"2F""3F"的建筑柱。为了绘图方便，可以将位置相同的柱子直接从"1F"楼层平面的建筑柱复制到"2F""3F"和屋顶平面，框选与"1F"楼层位置相同的建筑柱，选择"修改|柱"选项卡，单击"修改"面板中的"复制到剪贴板"工具，然后单击"粘贴"下的"与选定的标高对齐"工具，弹出"选择标高"窗口，选择"2F""3F""屋顶"，单击"确定"按钮，关闭窗口。采用粘贴板布置建筑柱的流程，如图5-36所示。

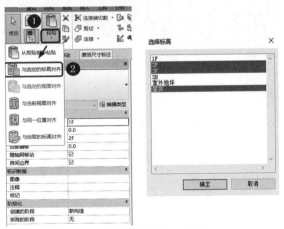

图 5-36 采用粘贴板布置其他层建筑柱

（6）采用粘贴板布置的其他层建筑柱需要按图纸修改其位置，修改完成的疗养院4号楼建筑柱的三维模型如图5-37所示。

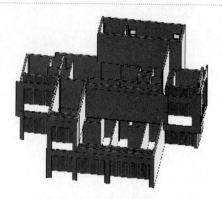

图 5-37　疗养院 4 号楼建筑柱三维模型

5.4.2 放置与修改门窗

1.门的编辑

（1）打开楼层平面视图，单击"建筑"选项卡—"门"按钮，进入"修改|放置门"选项卡。单击"编辑类型"中的"载入"，找到教材中提供的门窗族文件夹，载入"MCL2733"门族，如图 5-38 所示。

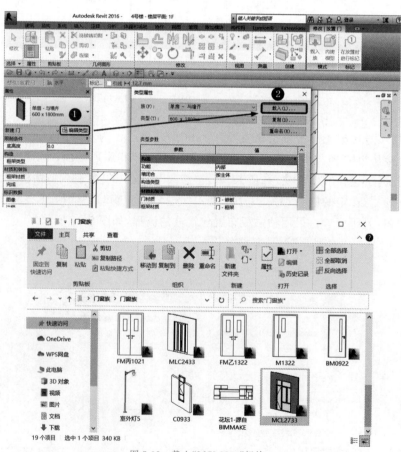

图 5-38　载入"MCL2733"门族

（2）载入族后单击"属性"中的"编辑类型"按钮，在"类型属性"对话框的类型中对标记类型进行修改，将其改成"MCL2733"，并进行参数设置，如图 5-39 所示。

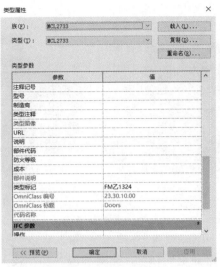

图 5-39 门类型参数设置

（3）按上述方法创建其他的门类型，如"FGM 甲 1322"门族、"FM 丙 1021"门族等。

2.放置门

门类型属性设置完成后进行门的布置，门可以在平面、剖面、立面或三维视图中布置，本案例在平面上放置门。

（1）切换"1F"楼层平面视图，可适当缩放视图至 4～5 号轴线间 B 轴线外墙位置，在 4～5 号轴线间放置"M1322"门图元。单击"建筑"选项卡下的"门"，并确认激活"标记"面板——"在放置时进行标记"按钮①，如图 5-40 所示。

图 5-40 激活"标记"按钮

（2）鼠标指针移动至靠墙内侧墙面时，显示门预览开门方向为内侧，左右移动鼠标指针，当临时尺寸标注线到左边墙柱边为 520 时，单击放置门图元，放置门时会自动在所选墙上剪切洞口，如图 5-41 所示。放置完成后按"Esc"键两次退出门工具。如图 5-41 所示。

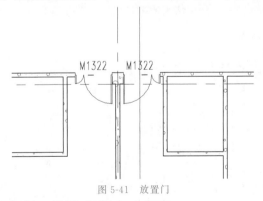

图 5-41 放置门

（3）布置后的"M1322"门三维图，如图 5-42 所示。

（4）按上述方法创建"F1""F2""F3"其他的门图元，方法同上面一致。所有的门族创建好之后的三维模型，如图 5-43 所示。

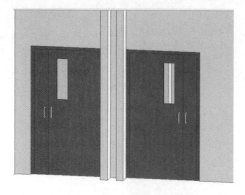

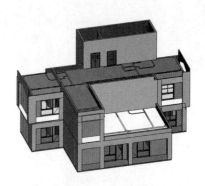

图 5-42　2 门放置三维图　　　　　　图 5-43　门布置完成

3.编辑窗

（1）打开楼层平面视图，单击"建筑"选项卡—"窗"，进入"修改|放置窗"选项卡，同载入门族一样，向项目中载入合适的窗族，单击"编辑类型"中的"载入"，找到教材中提供的门窗族文件夹，载入"C2724"窗族，如图 5-44 所示。

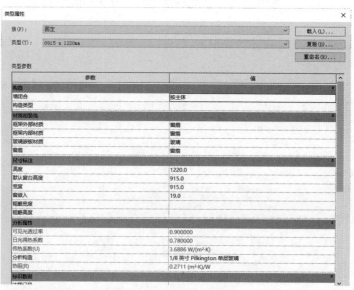

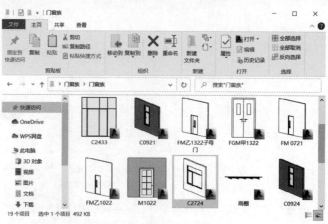

图 5-44　载入"C2724"窗族

（2）单击"属性"中的"编辑类型"按钮，单击"复制"按钮，命名为"C2724"，单击"确定"按钮载入"C2724"窗族，并更改其类型标记，如图 5-45 所示。

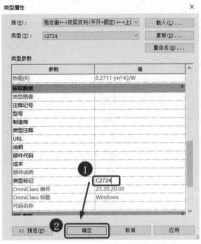

图 5-45　设置"类型标记"

（3）按上述方法创建其他的窗类型，如窗族"C2433"、窗族"C0921"等其他类型的窗族。

4.放置窗

（1）布置窗的方法与布置门的方法稍有不同，在布置窗时需要考虑窗台高度。切换至"F1"楼层平面，适当缩放视图，在 C〜B 号轴线间放置"C2724"窗图元▓。单击"建筑"选项卡中的"构建"面板，进入"修改|放置窗"选项卡，激活"标记"面板—"在放置时进行标记"按钮，"属性"面板中约束"底高度"设为"900.0"，如图 5-46 所示。

图 5-46　调整窗底高度

（2）鼠标指针移动到墙面时，显示两个临时尺寸标注线，接近正确位置时，单击放置窗图元，Revit 会自动放置该窗的标记"C2724"，放置窗时会自动在所选墙上剪切洞口，放置完成后按"Esc"键两次，退出窗工具，如图 5-47 所示。

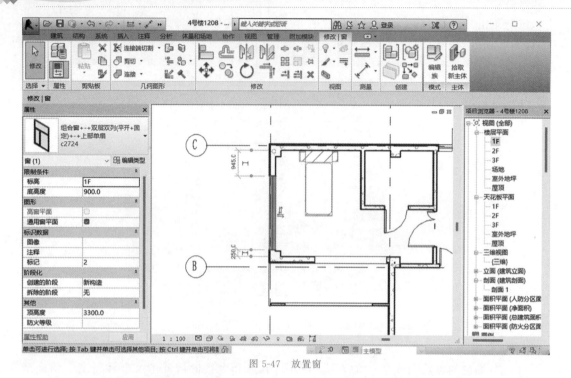

图 5-47　放置窗

（3）布置后的"C2724"窗三维图如图 5-48 所示。

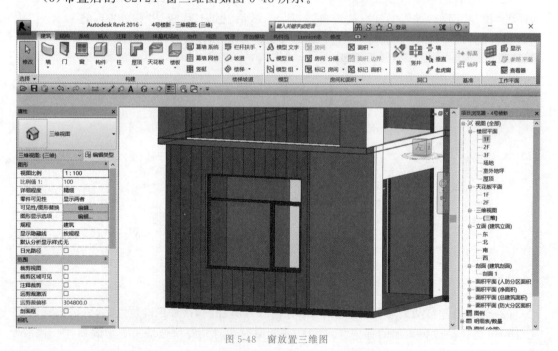

图 5-48　窗放置三维图

（4）按上述方法创建"F1""F2""F3"其他的窗图元，方法同上面一致。所有的门窗族创建好之后的三维模型如图 5-49 所示。

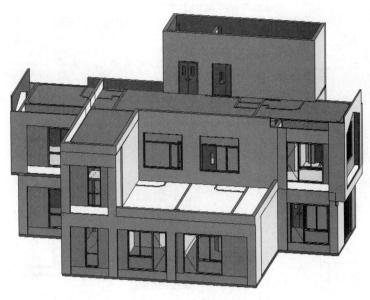

图 5-49 门窗族布置完成

5.4.3 布置家具

1.放置床

（1）打开前面操作的项目文件，"床族"载入方式与"门窗族"的方式一致，在插入选项卡下单击"载入族"按钮，找到教材中提供的门窗族文件，单击"单人床"族，如图 5-50 所示。

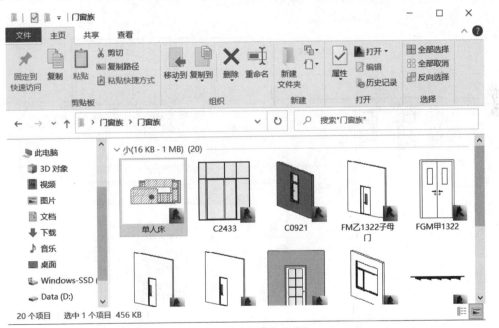

图 5-50 将家具族载入项目

（2）双击"项目浏览器"中的"楼层平面"，双击"1F"，打开一层平面视图，单击"建筑"选项卡—"构建"面板—"构件"工具，在"属性"面板中选择刚载入的床，将光标移到需要放置床的位置，按"空格键"调整床的摆设方向，单击放置单人床，如图 5-51 所示。

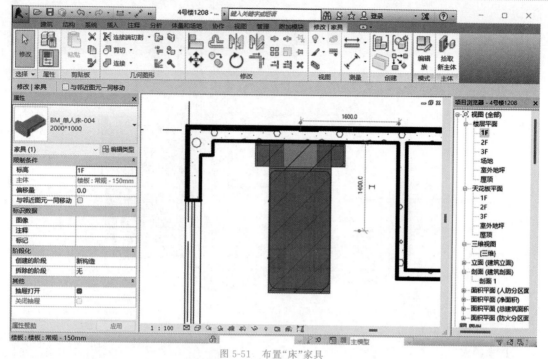

图 5-51 布置"床"家具

（3）按照同样的方法可布置卫浴装置（包括坐便器与洗手盆）和专用设备等其他的家具。切换至平面图中，查看 1F 室内所有的家具布置。如图 5-52 所示。

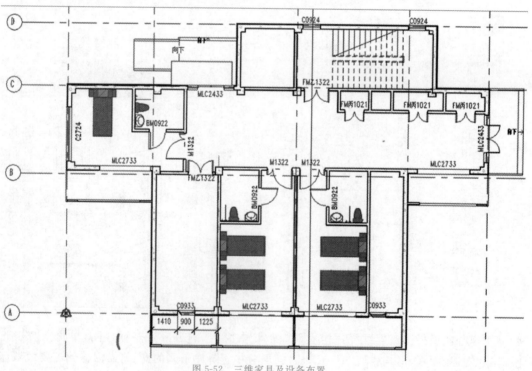

图 5-52 三维家具及设备布置

(4)用上述步骤创建其他层的家具及设备,如图 5-53 所示。

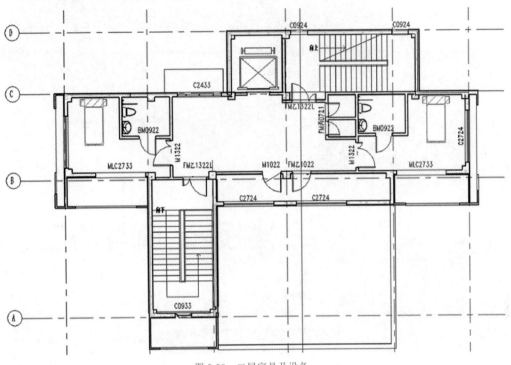

图 5-53 二层家具及设备

第 6 章

楼板、屋顶与洞口

　　上一章已经了解了柱、梁的编辑与放置,学习了门窗与家具的选择与布置,本章将介绍楼板、屋顶与洞口的创建与编辑。

本节知识点

6.1　创建与编辑楼板

6.1.1　楼板类型

　　楼板作为建筑物当中不可缺少的建筑构件,用于分隔建筑各层的空间。在 Revit 中,提供了 3 种楼板和 1 个楼板边,如图 6-1 所示。

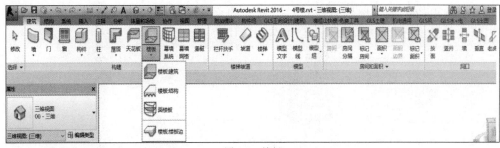

图 6-1 楼板

1.建筑楼板:常用于建筑建模时室内外楼板的创建。

2.结构楼板:为方便在楼板中布置钢筋、进行受力分析等结构专业应用而设计,提供了钢筋保护层厚度等参数,其他用法与建筑楼板相同。

3.面楼板:用于将概念体量模型的楼层面转换为楼板模型图元,该方式只能用于使用体量创建楼板模型时。

4.楼板边:供用户创建一些沿楼板边缘所放置的构件,如圈梁、楼板台阶等。

6.1.2 创建楼板

单击"建筑"选项卡—"构建"面板—"楼板"下拉列表,选择"楼板:建筑"工具,进入建筑楼板绘制轮廓草图模式,且自动跳转到"修改|创建楼层边界"选项卡,如图 6-2 所示。可以选择楼板的绘制方式,下面以"直线"命令与"拾取墙"命令讲解。

图 6-2 "修改|创建楼层边界"选项卡

1.采用"直线"命令绘制楼板

进入楼板绘制轮廓草图模式后,单击"直线"命令,在工作区绘制任意形状,单击"完成编辑模式"按钮,完成楼板的绘制,如图 6-3 所示。

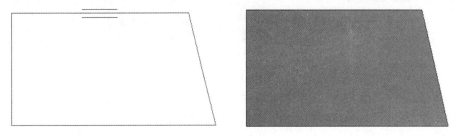

图 6-3 "直线"命令绘制楼板

2.采用"拾取墙"命令绘制楼板

(1)在楼板下的墙体已经绘制完成的情况下,单击"绘制"面板—"拾取墙"命令,如图 6-4 所示。

图 6-4 "拾取墙"命令绘制楼板

（2）在选项栏中指定楼板边缘相对于墙线的偏移量；同时勾选"延伸至墙中（至核心层）"，拾取墙时将拾取到涂层和构造层的复合墙体的核心边界位置，如图6-5所示。

偏移: 0.0　　☑延伸到墙中(至核心层)

图6-5　"偏移"选项

（3）单击"完成编辑模式" ✔ ，完成"拾取墙"命令绘制的楼板。

3.绘制斜楼板

【方法一】通过修改子图元的方式形成坡度

（1）选中绘制完成的楼板在"形状编辑"面板下激活"修改子图元"命令，如图6-6所示。

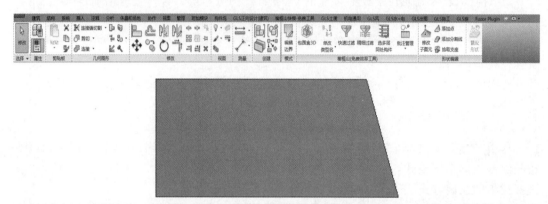

图6-6　"修改子图元"被激活

（2）将光标移动到楼板的四个点，单独修改楼板的偏移量，单击旁边的数字输入偏移量来设置楼板的坡度，如图6-7所示。

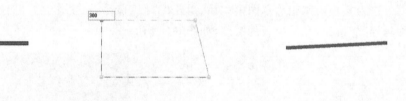

图6-7　设置楼板坡度

【方法二】通过修改楼板的轮廓形成坡度

这种方法与屋顶坡度设置的方法一样，通过设置轮廓的定义坡度和坡度箭头来设置楼板的坡度。

（1）绘制完成楼板轮廓后，绘制坡度箭头。

（2）选中坡度箭头，修改坡度箭头的值，这里的坡度有两种表达方式，一种是尾高，可以定义头、尾高度偏移及最低、高处标高，另一种是通过尺寸标注栏定义坡度，如图6-8所示。

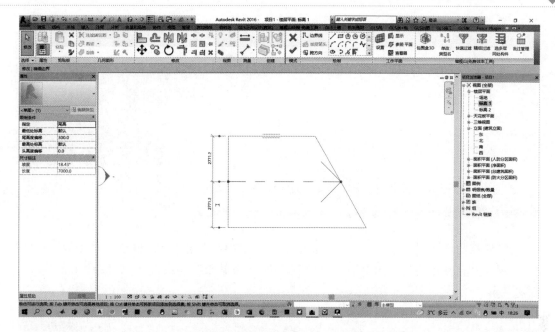

图 6-8 坡度箭头绘制坡度楼板

6.1.3 编辑楼板

1.创建楼板之后,可以更改其轮廓来修改其边界。

(1)在平面视图中,选择楼板,"修改│楼板"选项卡被激活,单击"编辑边界",修改楼板边际线后,单击"完成编辑模式" ✔ ,完成对楼板的轮廓线的编辑,如图 6-9 所示。

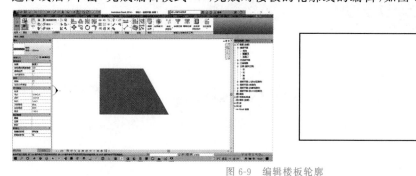

图 6-9 编辑楼板轮廓

(2)也可采用绘制工具进行楼板开洞,如图 6-10 所示。

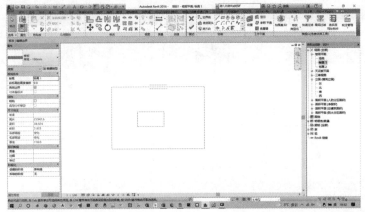

图 6-10　楼板开洞

（3）楼板的形状创建好之后，可以编辑楼板的内部结构，选中所要修改的"楼板"—"编辑类型"—"结构-编辑"，弹出"编辑部件"对话框，设置楼板结构层，如图 6-11 所示。

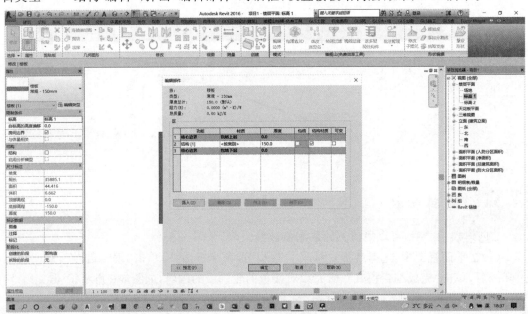

图 6-11　结构层编辑

本节知识点

　6.2　创建与编辑屋顶

6.2.1　屋顶类型

屋顶作为建筑物中不可缺少的建筑构件，有平顶和坡顶之分，主要用于防水。干旱地区房屋多用平顶，湿润地区多用坡顶。Revit 提供了 3 种屋顶创建工具，分别是迹线屋顶、拉伸屋顶和面屋顶，其中最常用的方式为"迹线屋顶"，只有创建弧形或其他形状屋顶时会采用

"拉伸屋顶"。

　　1.迹线屋顶:可以创建常见的平屋顶和坡屋顶。

　　2.拉伸屋顶:可以创建弧形或者其他形状的屋顶使用。

　　3.面屋顶:用于概念体量模型装换成屋顶模型图元,该方式只能用于通过体量创建屋顶模型时使用。

6.2.2 迹线屋顶

　　1.单击"建筑"选项卡—"构建"面板—"屋顶"下拉列表—"迹线屋顶"选项,如图 6-12所示。

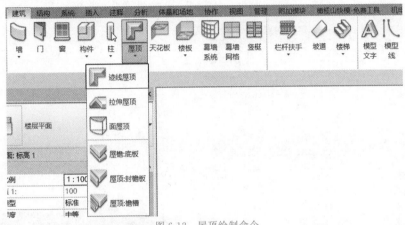

图 6-12　屋顶绘制命令

　　2.选择"迹线屋顶"命令后,进入绘制屋顶轮廓的草图模式,绘图区域自动跳转至"修改|创建屋顶迹线"选项卡。其绘制方式除了边界线的绘制,还包括坡度箭头的绘制,如图 6-13所示。

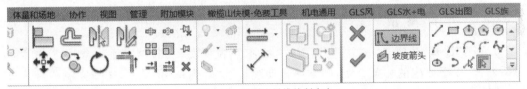

图 6-13　屋顶边界线绘制命令

　　3.设置选项栏。屋顶的边界线绘制方式和其他构件类似,在绘制前,在选项栏中勾选"定义坡度",则绘制的每根边界线可定义和修改坡度值;"悬挑"是用于"拾取墙"命令,是对于拾取墙线的偏移,如图 6-14 所示。

图 6-14　"定义坡度"和"悬挑"

　　4.除了通过边界线勾选"定义坡度"来生成屋顶,还可通过坡度箭头绘制。其边界线绘制方式和上述所讲的边界线绘制一致,但坡度箭头绘制前需要取消"定义坡度",通过坡度箭头的方式来指定屋顶的坡度,如图 6-15 所示。

图 6-15 通过坡度箭头定义坡度

5.坡度箭头均为从边界的两端往中间绘制。接着选中所有的坡度箭头,在"属性"栏中设置坡度的"最高/低处标高"以及"头/尾高度偏移",如图 6-16 所示。

6.设置完成以后单击"完成编辑模式" ✔,完成绘制,完成后的迹线屋顶三维视图如图 6-17 所示。

图 6-16 "坡度箭头"属性设置

图 6-17 迹线屋顶三维视图

6.2.3 拉伸屋顶

1.单击"建筑"选项卡 —"构建"面板—"屋顶"下拉列表— "拉伸屋顶",弹出"工作平面"对话框,拾取平面中的一条直线,则软件自动跳转至"转到视图"界面,选择完视图后,弹出"屋顶参照标高和偏移"对话框,在对话框中设置绘制屋顶的参照标高以及相对于参照标高的偏移值,如图 6-18、图 6-19 所示。

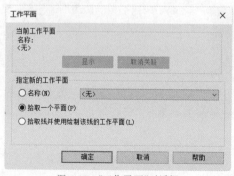

图 6-18 "工作平面"对话框

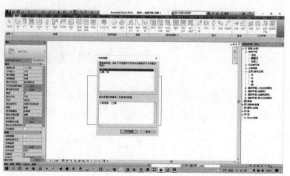

图 6-19 转到相应视图

2.在"屋顶参照标高和偏移"对话框中设置绘制屋顶的参照标高以及相对于参照标高的

偏移值,如图 6-20 所示。

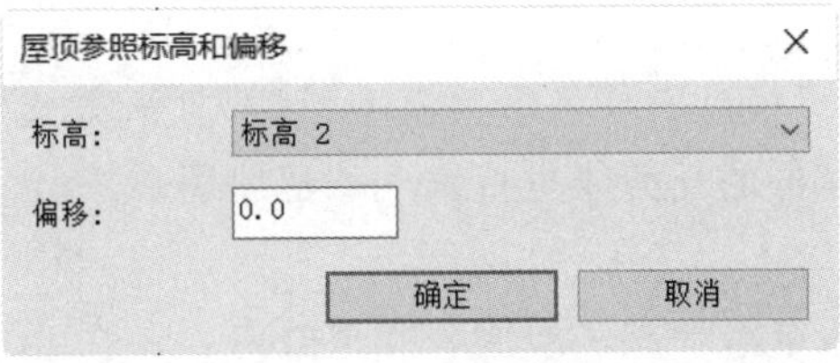

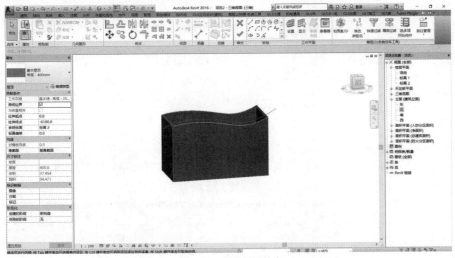

图 6-20 "屋顶参照标高和偏移"对话框

3.此时,可以开始在视图中绘制屋顶拉伸截面曲线,不需要闭合。此处简单绘制一条曲线屋顶轮廓以便理解,如图 6-21 所示。

图 6-21 曲线屋顶轮廓

4.使用样条曲线工具绘制屋顶轮廓,完成拉伸屋顶,根据需要将墙附着到屋顶。

5.单击"完成编辑模式" ✔,然后打开三维视图,如图 6-22 所示。

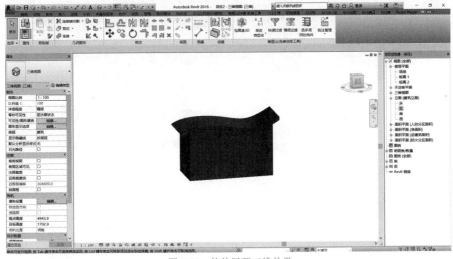

图 6-22 拉伸屋顶三维效果

6.2.4 面屋顶

面屋顶用于将概念体量模型转换为屋顶模型图元,且该方式仅用于从体量创建屋顶模型,使用"面屋顶"工具在体量的任何非垂直面上创建屋顶。

注意:

(1)不要为同一屋顶同时选择朝上的面和朝下的面。

(2)如果希望生成的屋顶嵌板既包含朝上的面又包含朝下的面,请将体量拆分为两个面,以便每一面完全朝上或完全朝下。然后从朝下面创建一个或多个屋顶,从朝上面创建一个或多个屋顶。

本节知识点

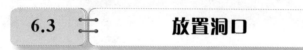

6.3 放置洞口

6.3.1 洞口类型

洞口命令位于 Revit 软件的"建筑"选项卡中,主要有"按面洞口""竖井洞口""墙体洞口""垂直洞口"与"老虎窗"五大类型,如图 6-23 所示。

图 6-23 洞口工具

6.3.2 按面放置

1.单击"建筑"选项卡—"洞口"面板—"按面"洞口命令,如图 6-24 所示。

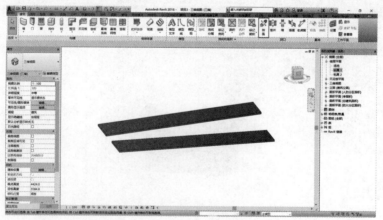

图 6-24 洞口面板

注意:

该命令主要用于垂直于"楼板""屋顶"与"天花板"三种平板类构件的洞口模型,前提要求被拾取的构件只能是上面这三种类型族,无法利用该命令创建墙体或内建模型中的洞口,以下用简单实例创建一个按面绘制的洞口。

（1）启动 Revit，单击"新建项目"—"建筑样板"，分别是"普通楼板"以及添加了坡度的"带坡楼板"，如图 6-24 所示。

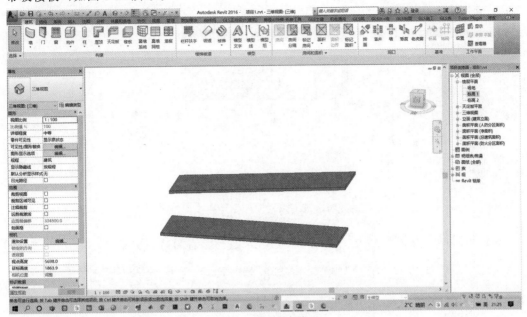

图 6-24　两种楼板类型

（2）打开"建筑"选项卡—"洞口"面板—"按面"绘制洞口命令，拾取"普通楼板的某一个面"，然后激活洞口绘制界面，如图 6-25 所示。

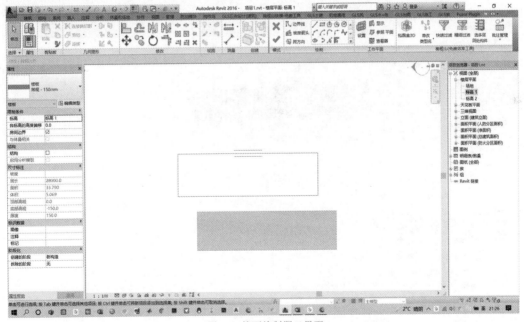

图 6-25　按面绘制洞口界面

2.绘制界面与绘制楼板、迹线屋顶等命令类似，区别在于，洞口所绘制的轮廓一定是闭合的。在上一步新建的楼板中，选择在楼板上打开一个圆形洞口，切换至标高|平面，绘制一个半径为 1200 mm 的洞口，如图 6-26 所示。

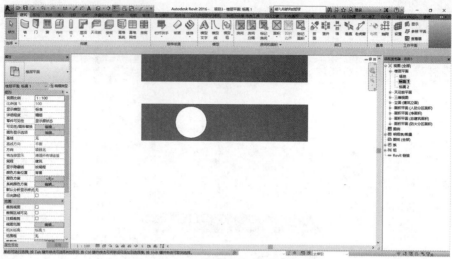

图 6-26　简单的洞口绘制效果

3.运用同样的方法,该命令可以对"带坡楼板"进行垂直洞口剪切操作,如图 6-27 所示。

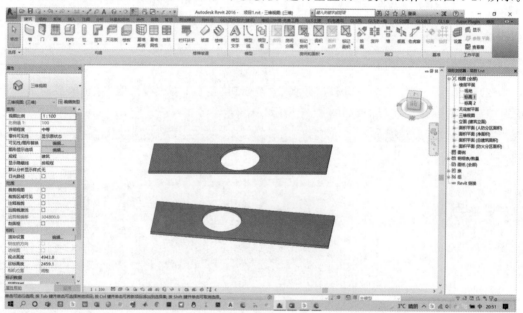

图 6-27　按面绘制的洞口

6.3.3　按竖井放置

单击"建筑"选项卡—"洞口"面板—"竖井"洞口命令,如图 6-28 所示。

图 6-28　竖井洞口选项卡

竖井洞口拥有特定的限制条件,通过底部限制条件和顶部约束设置,可以创建横跨多个标高的洞口。该洞口可以直接剪切楼板、屋顶以及天花板,下面可以根据实例进行操作,如

图 6-29 所示。

图 6-29 竖井洞口的限制条件

1.基于上述实例，切换至标高1楼层平面视图，打开"建筑"选项卡，找到"洞口"面板——"竖井"洞口命令，单击后激活"创建竖井洞口草图"界面，如图 6-30 所示。

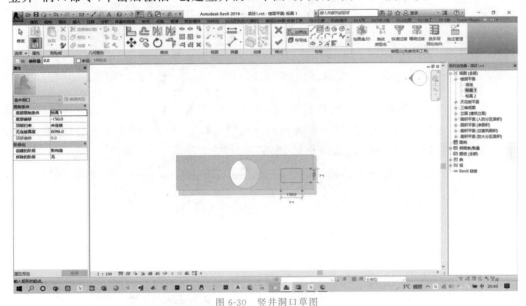

图 6-30 竖井洞口草图

2.设置竖井洞口的限制条件，"底部限制条件"为标高 1，−200mm，即标高 1 处的楼板的厚度。

3.设置好限制条件后，即可绘制洞口轮廓，本次操作选择绘制一个矩形竖井洞口，如图6-31 所示。

注意：

从竖井洞口的绘制效果可以看出，竖井洞口的绘制可以不受楼板、屋顶、天花板是否存在坡度和异形等因素影响，只参照限制条件，依据标高的设定要求绘制出合适的竖井轮廓。

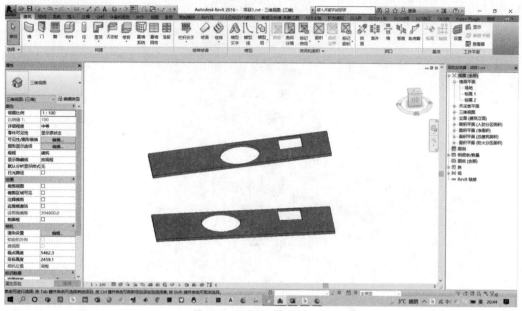

图 6-31　竖井洞口的绘制效果

6.3.4 按墙放置

1.单击"建筑"选项卡—"洞口"面板—"墙"洞口命令,如图 6-32 所示。

图 6-32　墙洞口选项卡

2.墙体洞口的绘制相对来说比较简单,在这个命令中有明确的要求就是一所绘制的墙体洞口只可以是矩形洞口,而且被开洞的模型对象只可以是墙体。需要注意的是,墙体的矩形洞口也可以适用于曲面墙体,如图 6-33 所示。

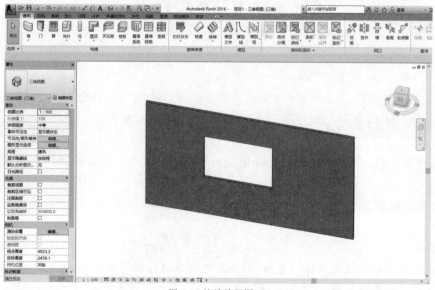

图 6-33 按墙放置洞口

6.3.5 按垂直放置

1.单击"建筑"选项卡—"洞口"面板—"垂直"洞口命令,如图 6-34 所示。

图 6-34　垂直洞口选项卡

(1)打开上一步骤操作的文件,切换视图至"标高 1"楼层平面;打开"建筑"选项卡,找到"洞口"—"垂直洞口"命令;单击后,Revit 会要求拾取一层楼板、屋顶、天花板或檐底板来创建垂直洞口绘制一个半径为 1000 mm 的圆形作为洞口轮廓。如图 6-35 所示。

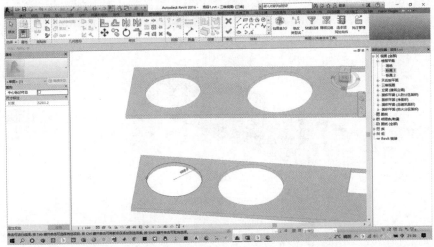

图 6-35　垂直洞口轮廓

(2)此时确定,即可绘制出相应的垂直洞口;采用同样的方法,也可以在"带坡楼板"绘制出洞口,需要注意的是,这种工具绘制的洞口均是垂直于标高层面的洞口,而并非与平板表面垂直,而且绘制完后仅适用于当前平板,不会影响其他标高的平板类构件,如图 6-36 所示。

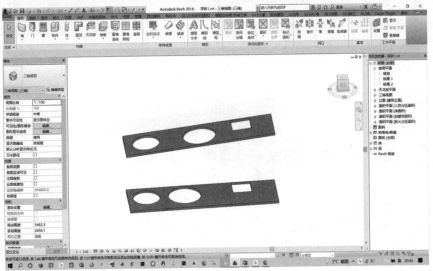

图 6-36　按垂直放置的洞口

6.3.6　按老虎窗放置

1.单击"建筑"选项卡—"洞口"面板—"老虎窗"洞口命令,如图6-37所示。

图6-37　老虎窗选项卡

(1)首先创建两个互相垂直的屋顶,如图6-38所示。

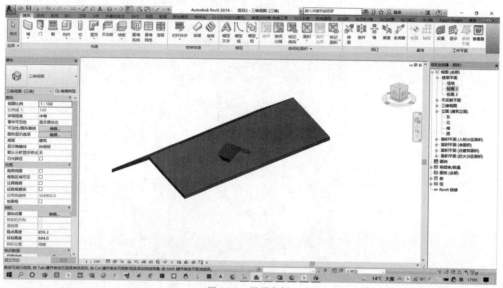

图6-38　屋顶案例

(2)屋顶连接,单击"修改"→(连接屋顶)命令,先选择屋顶端点处要连接的一条边,在另一个屋顶选择要连接的面将屋顶进行连接,如图6-39所示。

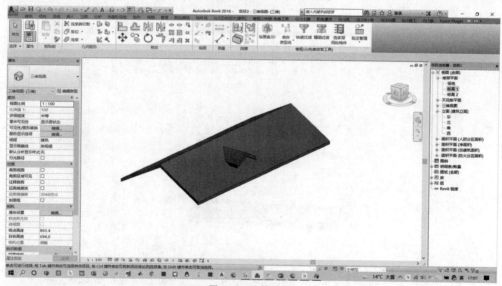

图6-39　连接屋顶

(3)两屋顶连接好之后,绘制墙体并附着,创建老虎窗洞口轮廓。拾取屋顶/墙边缘(拾取内轮廓线），修剪老虎窗洞口边缘线。按"T＋R"快捷键，选择要修剪的线（单击要保留的部分）单击"完成编辑模式"命令，如图 6-40 所示。

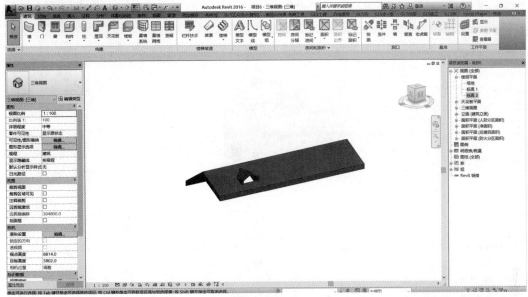

图 6-40　按老虎窗放置的洞口

6.4　创建与编辑天花板

本节知识点

6.4.1　创建天花板

1.绘制方式

天花板作为建筑室内装饰不可或缺的部分，起着非常重要的装饰作用。Revit 提供了两种天花板的创建方法，分别是自动绘制与手动绘制，如图 6-41 所示。

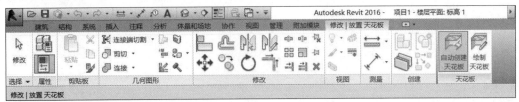

图 6-41　天花板绘制方式

2.自动创建天花板

（1）单击"建筑"选项卡 —"构建"面板 —"天花板"按钮。

（2）默认情况下，"自动天花板"工具处于活动状态。在单击构成闭合环的内墙时，该工具会在这些边界内部放置一个天花板，如图 6-42 所示。

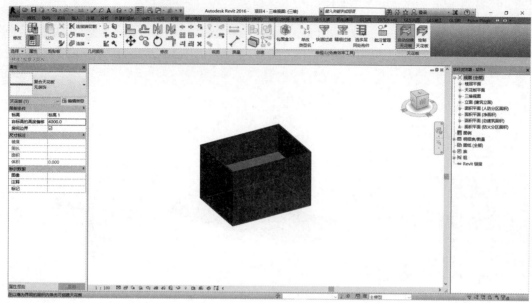

图 6-42　自动创建天花板

3.绘制天花板边界

（1）单击"建筑"选项卡 —"构建"面板 —"天花板"按钮，使用功能区上"绘制"面板中的工具，可以绘制用来定义天花板边界的闭合环。如图 6-43 所示。

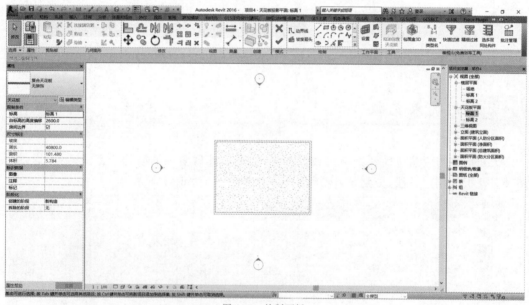

图 6-43　绘制面板

（2）单击"完成编辑模式" ✔，完成天花板的绘制。

注意：

要在天花板上创建洞口，请在天花板边界内绘制另一个闭合环。

6.4.2 修改天花板边界

在草图模式中,可以移动整个草图或修改直线段。在绘图区域中,选择绘制的图元。如果已为基于草图的图元创建了草图,单击编辑选项可以进入草图模式。如果已绘制了楼板,单击"修改 | 楼板"选项卡—"模式"面板—(编辑边界),双击图元也可以进入草图模式。

1.移动整个图元

选择该图元的全部绘制线,然后将其拖曳到所需位置。如果另一个图元附着在该图元上,也会相应地进行更新,如图 6-44 所示。

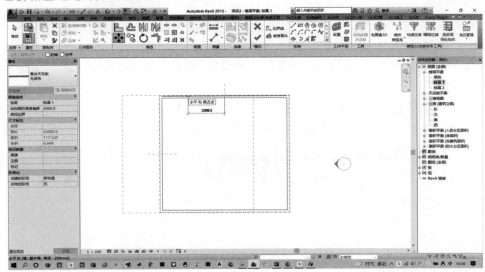

图 6-44 移动整个图元

2.修改绘制线的端点

选择该绘制线,然后拖曳端点控制柄,或编辑尺寸标注。如果移动直线段的端点控制柄,可以改变线的角度或线的长度;如果移动弧的端点控制柄,则会修改弧角的度数;如果拖曳中点控制柄,则会修改半径,如图 6-45 所示。

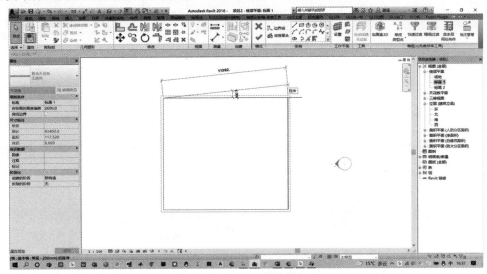

图 6-45 修改绘制线端点

单击"完成编辑模式" ✔ ,完成编辑。

本节知识点

6.5 ⫶ 案例讲解与训练

6.5.1 创建与编辑楼板

"疗养院4号楼"实例已经在第4章创建了实体墙体,所以在本章节的案例中采取"拾取墙"的方式创建楼板。

1.启动Revit,打开前面操作的"疗养院4号楼"项目文件,双击"项目浏览器"中的"楼层平面",双击"1F",打开一层平面视图。

2.单击"建筑"选项卡—"构建"面板—"楼板"工具—选择"楼板:建筑",修改"属性"面板中的"标高",将其设置为"室外地坪","自标高的高度偏移"设置为"300",如图6-46所示。

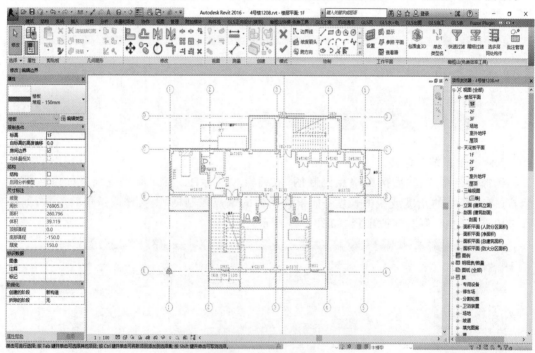

图6-46　楼板编辑界面

3.单击"属性"面板中—"编辑类型"按钮—"复制"按钮,输入类型名称"疗养院4号楼楼板",单击"确定"按钮退出对话框。再单击"结构-编辑"按钮进入楼板结构编辑界面,如图6-47所示。

4.打开"编辑部件"对话框,设置楼板的功能、材质、厚度,"疗养院4号楼"设置了两个面层和一个结构层,单击材质中面的"…"—"水泥砂浆"完成创建结构材质,其他结构层创建方式类似,此处和墙结构的设置方法相同,单击"确定"按钮退出"编辑部件"对话框,单击"确定"按钮退出楼板"类型属性"对话框,如图6-48所示。

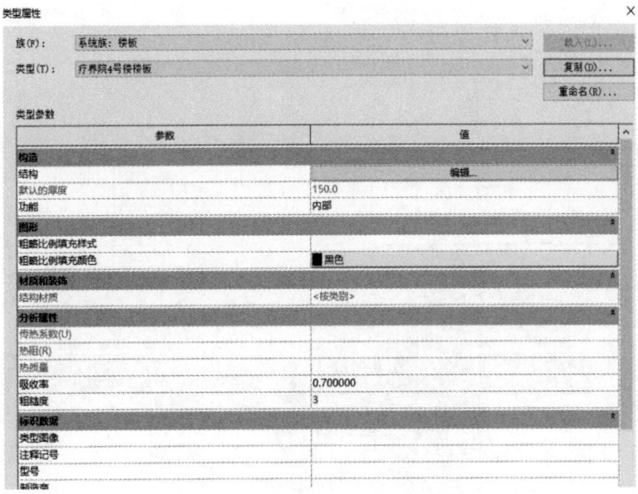

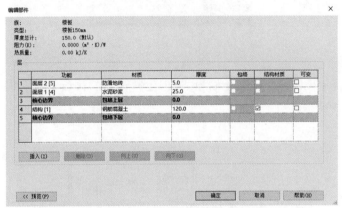

图 6-47 楼板"类型属性"对话框

图 6-48 设置楼板结构及材质

5.选择使用"直线"绘制工具,选项栏中的"链"自动激活,偏移值为"0",移动鼠标指针至1F 楼层的外墙边界绘制,将会沿建筑外墙表面生成粉红色楼板边界,如图 6-49 所示。

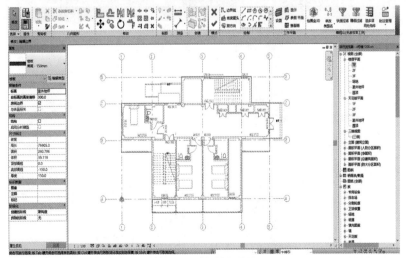

图 6-49 编辑楼板边界

6.观察绘制的边界线为一个完整的闭合区间,单击"模式"面板中的"完成编辑模式"按钮,完成后如图6-50所示。

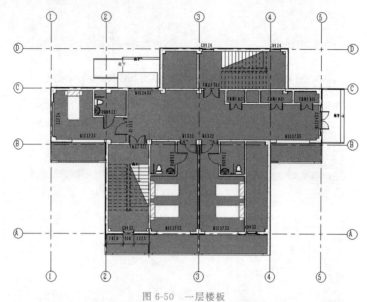

图6-50　一层楼板

7.参照疗养院4号楼一层楼板绘制模式,创建其他层的楼板,如图6-51、图6-52所示,选中的阴影区域为楼板。

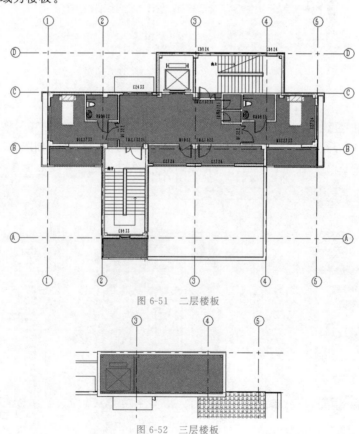

图6-51　二层楼板

图6-52　三层楼板

6.5.2 创建与编辑屋顶

1.双击"项目浏览器"中的"楼层平面",双击"2F",打开二层平面视图。单击"建筑"选项卡—"构建"面板—"屋顶"工具—"迹线屋顶"。

2.单击"属性"面板中—"编辑类型"按钮—"复制"按钮,输入类型名称"疗养院 4 号楼平屋顶",单击"确定"按钮退出对话框。再单击"结构-编辑"按钮进入平屋顶"类型属性"对话框,如图 6-53 所示。

图 6-53　平屋顶"类型属性"对话框

3.打开"编辑部件"对话框,设置屋顶的功能、材质、厚度,按照"疗养院 4 号楼"的施工图纸创建平屋顶结构与材质,其操作步骤与设置墙结构的方法相同,最后单击"确定"按钮退出"编辑部件"对话框,单击"确定"按钮退出平屋顶"类型属性"对话框,如图 6-54 所示。

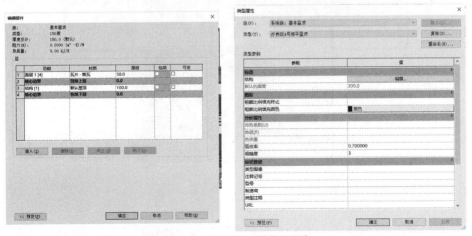

图 6-54　设置平屋顶结构及材质

4.重复 2、3 步骤,完成坡屋顶的属性设置,坡屋顶的结构及材质如图 6-55 所示。

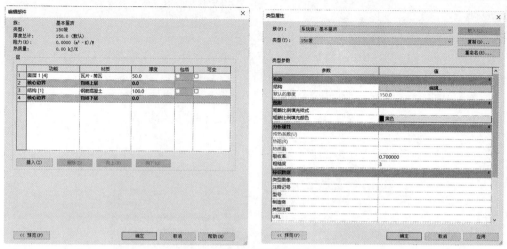

图 6-55　设置坡度顶结构与材质

5.单击"建筑"选项卡—"构建"面板—"屋顶"工具—"迹线屋顶"。在"属性面板"中选择"疗养院 4 号楼平屋顶",在"绘制"面板上选择"矩形"绘制工具,按照疗养院 4 号楼图纸,绘制 1F 屋顶迹线,选中刚绘制完成的屋顶迹线草图,取消勾选"属性"面板上"定义屋顶坡度"选项,单击"完成编辑模式",完成 1F 屋顶的绘制,如图 6-56 所示。

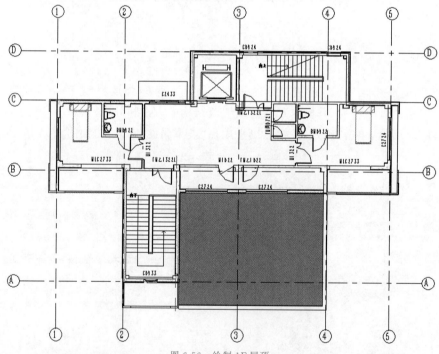

图 6-56　绘制 1F 屋顶

6.一层屋顶绘制完成以后,双击"项目浏览器"中的"楼层平面",双击"3F",打开三层平面视图。单击"建筑"选项卡—"构建"面板—"屋顶"工具—"迹线屋顶"。在"属性"面板中同样选择"疗养院 4 号楼平屋顶",在"绘制"面板上选择"直线"工具,绘制 2F 平屋顶。将绘制完成的 2F 屋顶迹线草图参照步骤 5 去除屋顶坡度,单击"完成编辑模式",完成 2F 平屋顶的绘制,如图 6-57 所示。

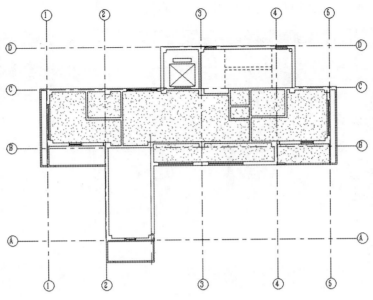

图 6-57 绘制 2F 平屋顶

7.在二层平屋顶绘制完成以后,绘制 2F 坡屋顶。单击"建筑"选项卡—"构建"面板—"屋顶"工具—"迹线屋顶"。在"属性"面板中选择"150 坡"基本屋顶,并将底部标高约束为"3F","自标高的底部偏移"设置为"300.0",在"绘制"面板上选择"直线"工具,按照屋顶平面图更改选项栏中偏移量,绘制"疗养院 4 号楼"西侧坡屋顶迹线草图,并按照图纸要求更改坡度,形成的坡屋顶如图 6-58 所示。

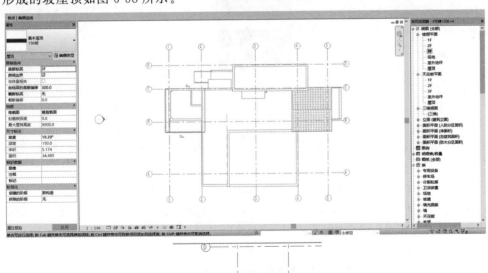

图 6-58 西侧坡屋顶

8.重复步骤 7,设置东侧坡屋顶,如图 6-59 所示。

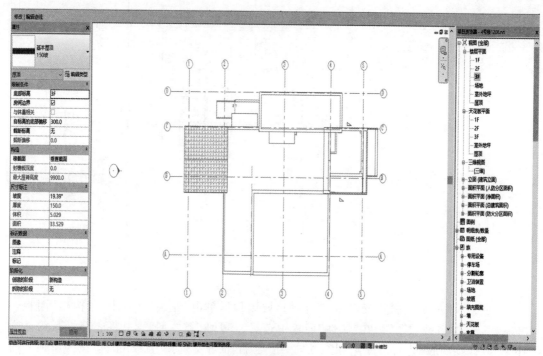

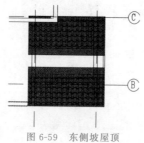

图 6-59   东侧坡屋顶

注意:

在创建东侧坡屋顶时,出现屋顶与墙重合现象,此时需要对屋顶进行开洞,详见 6.5.4 小节。

9.双击"项目浏览器"中的"楼层平面",双击"屋顶",打开屋顶平面视图绘制三层屋顶。单击"建筑"选项卡—"构建"面板—"屋顶"工具—"迹线屋顶"。在"属性"面板中同样选择"疗养院 4 号楼平屋顶",并将"限制条件"设置为"底部标高""屋顶","自标高的底部偏移"设置为"300.0",在"绘制"面板上选择"矩形"工具,按照图纸绘制,如图 6-60 所示。

10."疗养院 4 号楼"的坡屋顶的檐口以"屋顶:封檐板"的方式创建。

(1)坡屋顶绘制完成后,单击"建筑"选项卡—"构建"面板—"屋顶"工具—"屋顶:封檐板","修改|放置封檐板"被激活。

(2)单击"属性"面板中—"编辑类型"按钮—"复制"按钮,输入类型名称"檐口",单击"确定"按钮,如图 6-61 所示。

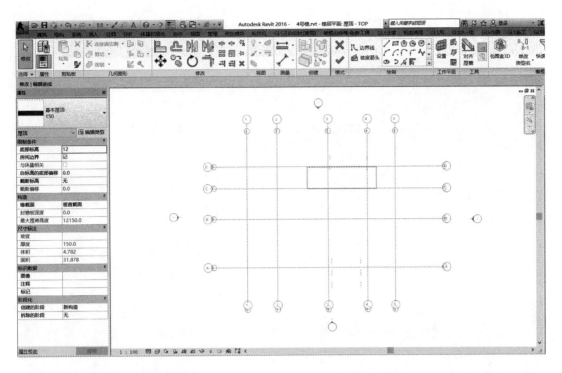

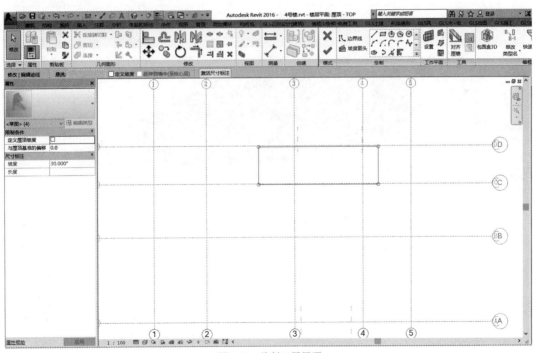

图 6-60 绘制三层屋顶

图 6-61　檐口"类型属性"对话框

（3）参照立面图纸，单击坡屋顶边缘，即形成屋顶檐口。图 6-62 为"疗养院 4 号楼"东侧坡屋顶部分檐口。

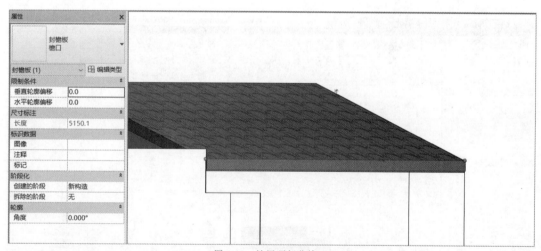

图 6-62　坡屋顶部分檐口

6.5.3　创建与编辑天花板

1.单击"视图"选项卡—"创建"面板中的"平面视图"，选择"天花板投影平面"，选择 1F 到 3F 标高，单击"确定"按钮，为该项目 1F 至 3F 标高创建天花板投影平面图，如图 6-63 所示。

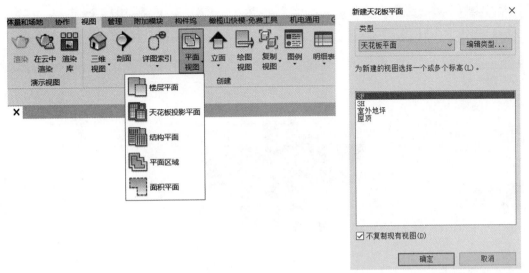

图 6-63　创建天花板平面图

2.单击"项目浏览器"—"天花板平面"—"1F",单击"建筑"选项卡—"构建"面板—"天花板"。修改"属性"面板中"标高"为"1F","自标高的高度偏移"设置为"3000.0",选择绘制面板中的"直线"命令绘制天花板,天花板迹线草图绘制完成后,单击"完成编辑模式",完成绘制,如图 6-64 所示。

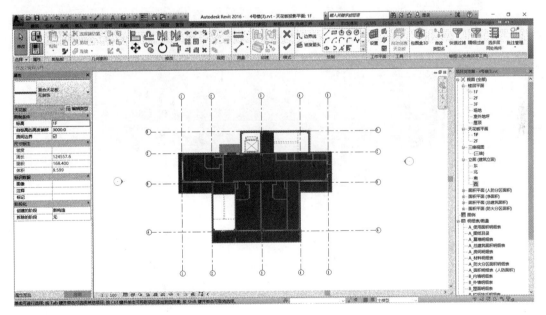

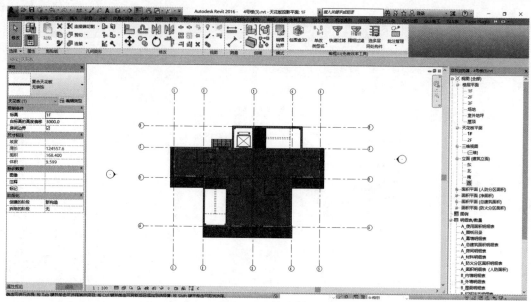

图 6-64　一层天花板

3.参照上述步骤,绘制 2F、3F 天花板,绘制完成的天花板如图 6-65 所示。

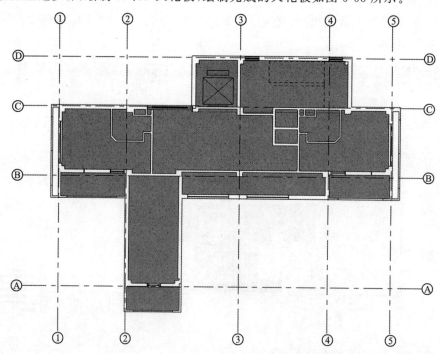

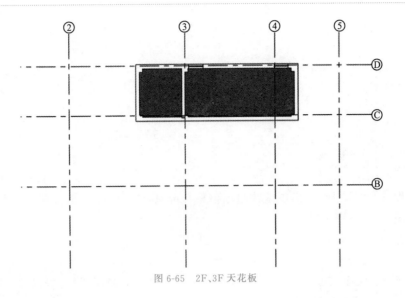

图 6-65 2F、3F 天花板

6.5.4 放置洞口

1.绘制电梯井口

(1)双击"项目浏览器"中的"楼层平面",双击"1F",打开二层平面视图。

(2)单击"建筑"选项卡—"洞口"面板,选择"竖井"绘制方式。

(3)在"属性"面板上更改"底部限制条件"为"1F","底部偏移"设为"0","顶部约束条件"设为"屋顶","顶部偏移"设为"0",

(4)在"绘制"面板上选择"矩形"工具,按照"疗养院 4 号楼"图纸在电梯井口处绘制,单击"完成编辑模式",完成电梯井口的绘制,如图 6-66 所示。

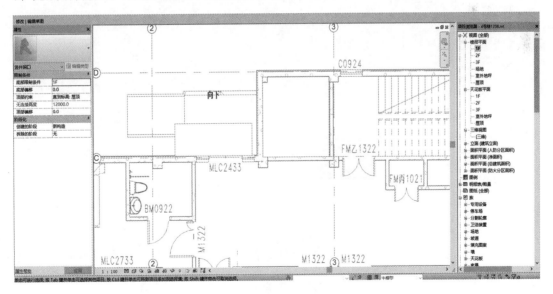

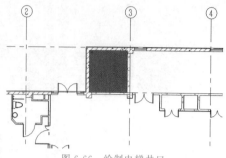

图 6-66　绘制电梯井口

2.在绘制东侧坡屋顶时,出现墙体与屋顶重合现象,此时同样可以按照创建竖井洞口的方式对屋顶进行开洞修改屋顶形状。

(1)双击"项目浏览器",选择"3F",进入三层平面视图。

(2)单击"建筑"选项卡—"洞口"面板,选择"竖井"绘制方式。

(3)在"属性"面板上更改"底部限制条件"为"3F","底部偏移"设为"300.0","顶部约束条件"设为"3H","顶部偏移"设为"0"。

(4)在"绘制"面板上选择"矩形"工具,在多余的屋顶部分绘制洞口草图,如图 6-67所示。

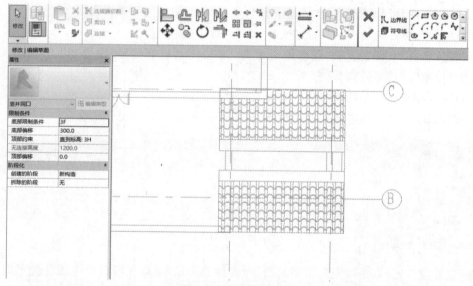

图 6-67　屋顶洞口草图

(5)单击"完成编辑模式",完成对坡屋顶的形状修改,如图 6-68 所示。

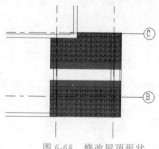

图 6-68　修改屋顶形状

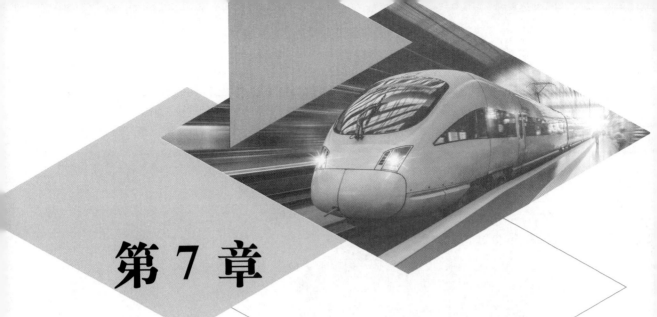

第 7 章

楼梯、栏杆与坡道

【本章重点】
(1)楼梯的创建与绘制、属性设置
(2)栏杆的创建与绘制、属性设置
(3)坡道的创建与绘制、属性设置

思政目标

【教学目标】
  掌握楼梯、栏杆扶手和坡道的创建与绘制步骤,并进行属性的设置。掌握使用"参照平面"命令定位楼梯平面位置,"复制"命令快速创建楼梯,掌握使用"坡度"命令创建带坡度的坡道;掌握使用"栏杆扶手""拾取新主体""编辑扶手结构"等命令创建、修正坡道栏杆及修正栏杆扶手间距和高度。

  上一章已经了解了楼板、屋顶与洞口建模操作流程的详细介绍,Revit 中也提供了扶手、楼梯、坡道等工具,通过定义不同的扶手、楼梯的类型,可以在项目中生成各种不同形式的扶手、楼梯构件,本章将详细介绍楼梯、栏杆和坡道等的创建。

7.1 基本术语与构造

本节知识点

7.1.1 楼梯

  楼梯作为建筑物中不可缺少的建筑构件,用于楼层间的垂直交通。楼梯按照梯段可以分为单跑楼梯、双跑楼梯和多跑楼梯,梯段的平面形状有直线的、折线的和曲线的,楼梯的种类和样式多样。楼梯主要由踢面、踏板、扶手、梯边梁以及休息平台组成,如图7-1所示。

图7-1　楼梯

7.1.2　栏杆

栏杆在实际建筑物和公共场所是很常见的,其主要作用是安全防护,还可以起到分隔、导向的作用,也有一定的装饰功能,如图7-2至图7-3所示。

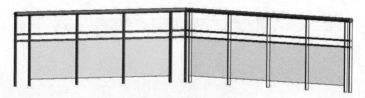

图7-2　栏杆扶手结构

图7-3　"栏杆扶手"选项

7.1.3　坡道

在商场、医院、酒店和机场等公共场合经常会见到各种坡道,有汽车坡道、自行车坡道等,用于连接具有高差的地面、楼面的斜向交通通道,如图7-4所示。

图7-4　坡道

7.2 创建并编辑楼梯与坡道

7.2.1 绘制楼梯

楼梯的绘制有按照构件和草图两种绘制方式,下面介绍按照构件绘制楼梯。

1.启动 Revit,打开"项目浏览器"中的"楼层平面",如图 7-5 所示。

图 7-5 楼层平面

2.单击"建筑"选项卡—"工作平面"面板—"参照平面" 参照平面 按钮,如图 7-6 所示。

图 7-6 参照平面

3.使用"参照平面"确定楼梯位置、尺寸,在绘制"参照平面"时,由于尺寸不易把握,可以在近似位置绘制"参照平面",重新单击所绘制的"平面",修改尺寸即可,如图 7-7 所示。

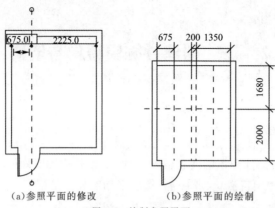

（a）参照平面的修改　　　　　（b）参照平面的绘制

图 7-7　绘制参照平面

4.单击"建筑"选项卡"楼梯坡道"面板—"楼梯"下拉菜单,选择"楼梯（按构件）"绘制,进入"创建楼梯构件"模式,并自动切换至"修改|创建楼梯构件"上下文选项,如图 7-8 所示。

图 7-8 按构件绘制楼梯

5.单击"属性"面板—"编辑类型"按钮,选择"系统族:楼梯",在"类型属性"对话框中单击"复制"输入名称为"xx 楼梯",如图 7-9 所示。

6.设置最大踢面高度、最小踏板深度、最小梯段宽度、梯段类型、平台类型及功能,如图 7-10 所示。

7.移动鼠标指针至相应参照平面交点位置单击,确定梯段起点和终点,在绘制过程中程序会显示从梯段起点至光标当前位置已创建的踢面数及剩余的踢面数,当创建的踢面数为总数的一半时,单击完成第一个梯段,然后往相反的方向完成第二个梯段,程序会自动连接两段梯段边界,该位置将作为楼梯的休息平台,如图 7-11 所示。

图 7-9 复制楼梯类型

图 7-10　设置编辑类型参数

8.单击"完成编辑模式" ✔ ,楼梯生成,如图 7-12 所示。

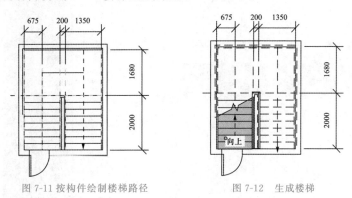

图 7-11 按构件绘制楼梯路径   图 7-12 生成楼梯

9.单击"三维视图",勾选三维视图"属性"面板中的"剖面框",调整方位和三维剖面效果,找到相应位置的楼梯,选择靠墙一侧的扶手,按"Delete"键删除,如图 7-13 所示。

图 7-13 靠墙一侧扶手

10.如果楼层高度相同,可选中楼梯,在"修改"选项卡中使用"复制"工具,单击"粘贴"工具的下拉列表图标,选择"与选定的视图对齐"选项,将楼梯复制到其他的楼层。如果楼层高度不同,可分别到不同的楼层进行绘制,如图 7-14 至 图 7-17 所示。

图 7-14 复制

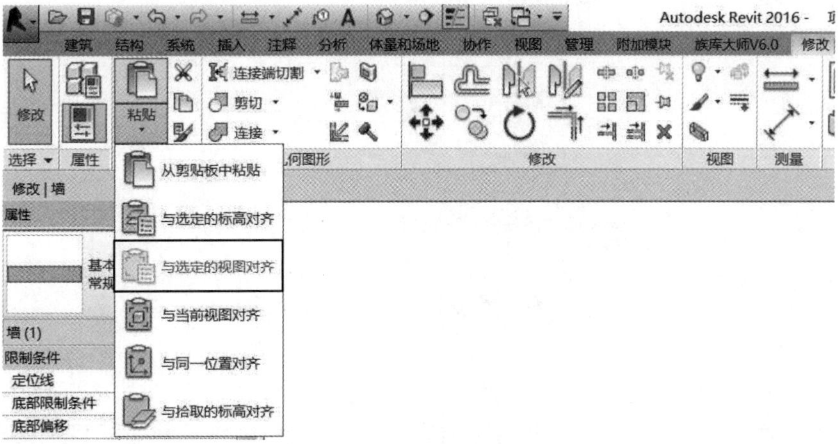

图 7-15 粘贴

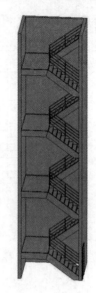

图 7-16　选择标高　　　　　　　　　图 7-17　生成多层楼梯

7.2.2　编辑栏杆

1.启动 Revit,打开"项目浏览器"中的"楼层平面"。

2.新属性栏杆有两种编辑方式。在"属性"栏的下拉列表中可选择其他栏杆替换。如果没有所需要的扶手,可通过"载入族"的方式载入。

【方法一】单击"建筑"选项卡"楼梯坡道"面板"栏杆扶手"工具,再单击"属性"面板中的"编辑类型"按钮,选择"系统族:栏杆扶手",在"类型属性"对话框中单击"复制"按钮,输入类型名称为"xx栏杆",如图 7-18 所示。

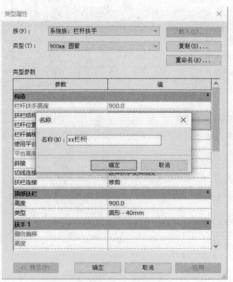

图 7-18　复制栏杆类型

【方法二】单击"插入"选项卡"载入族"按钮,选择"建筑"—"栏杆扶手"—"栏杆"—"常规栏杆"—"普通栏杆",可从程序族库中选择各种形式的栏杆、扶手和嵌板载入项目中,如图

7-19 所示。

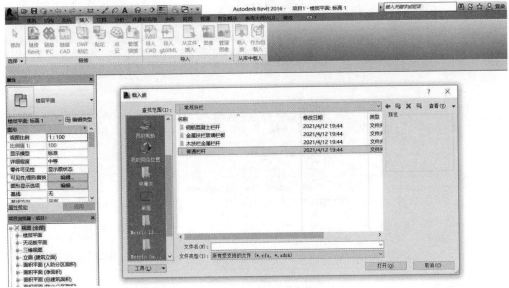

图 7-19　栏杆载入路径

3.单击"类型属性"对话框中的"扶栏结构(非连续)"后面的"编辑"按钮,进入"编辑扶手(非连续)"对话框,设置参数,如图 7-20 所示。

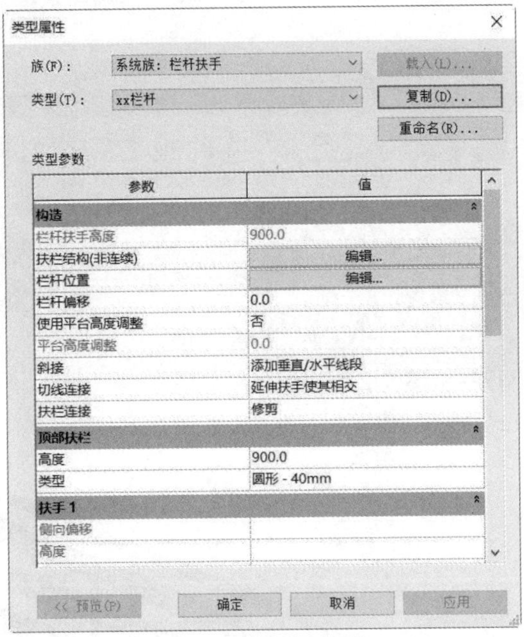

图 7-20　栏杆类型属性

4.单击"类型属性"对话框中的"栏杆位置"后面的"编辑"按钮,进入"编辑栏杆位置"对话框,分别设置栏杆、玻璃嵌板、起点支柱、拐角支柱、终点支柱的栏杆族和底部、顶部等位置信息,如图 7-21 所示。

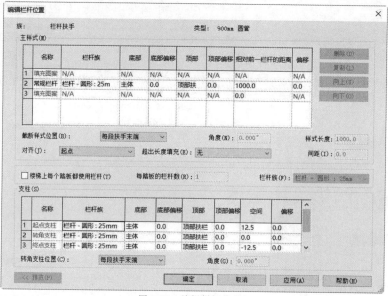

图 7-21　编辑栏杆位置

7.2.3　绘制栏杆

1.单击"建筑"选项卡—"楼梯坡道",在"栏杆扶手"下拉菜单中选择"绘制路径"选项,如图 7-22 所示。

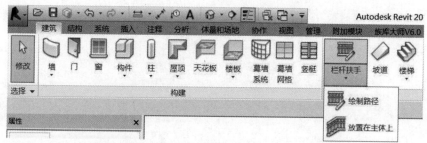

图 7-22　选择绘制路径

2.在所需栏杆处绘制路径,图 7-23 所示。

3.单击"完成编辑模式"按钮,独立栏杆生成,如图 7-24 所示。

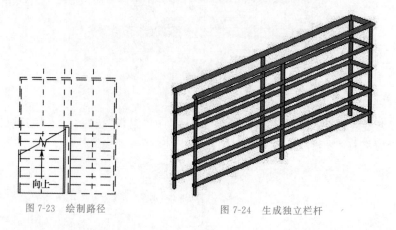

图 7-23　绘制路径　　　　　图 7-24　生成独立栏杆

4.如果栏杆需要附着在主体上,选中"栏杆",单击"拾取新主体",如图 7-25 所示。

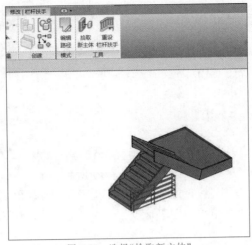

图 7-25 选择"拾取新主体"

5.选择"主体"(这里以"无栏杆楼梯"为例),栏杆附着在主体上,如图 7-26 所示。

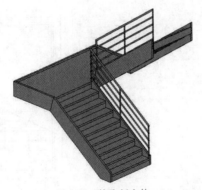

图 7-26 拾取新主体

7.2.4 绘制坡道

1.启动 Revit,打开"项目浏览器"中的楼层平面。

2.单击"建筑"选项卡"工作平面"面板"参照平面"工具绘制参照平面,如图 7-27 所示。

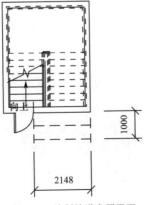

图 7-27 绘制坡道参照平面

3.单击"建筑"选项卡—"楼梯坡道"面板"坡道"工具,如图7-28所示。

图7-28 选择坡道

4.单击"属性"面板—"编辑类型"按钮,选择"系统族:坡道",在"类型属性"对话框中单击"复制"按钮,输入类型名称为"坡道A",如图7-29所示。

5.在"修改|创建坡道草图"上下文选项的"绘制"面板中选择"梯段"工具。设置"属性"面板参数,将鼠标指针移动至相应参照平面交点位置单击,确定坡道的起点和终点,如图7-30所示。

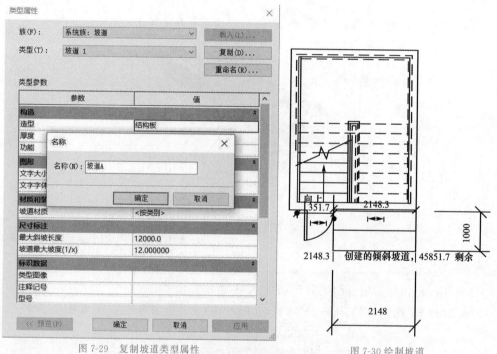

图7-29 复制坡道类型属性

图7-30 绘制坡道

6.单击"模式"面板中的"完成编辑模式"按钮完成坡道的绘制,如图7-31所示。

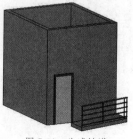

图7-31 生成坡道

7.3 案例讲解与训练

本节知识点

7.3.1 创建楼梯

1.启动 Revit,打开"疗养院 4 号楼"项目文件,双击"项目浏览器"中的"楼层平面"。为使图面清晰,可以选择隐藏楼板以及家具等构件。以隐藏"楼板"为例,双击"1F",打开一层平面视图,使用"过滤器"选中所有楼板,右击弹出快捷菜单,选择"在视图中隐藏"命令,如图 7-32 所示。

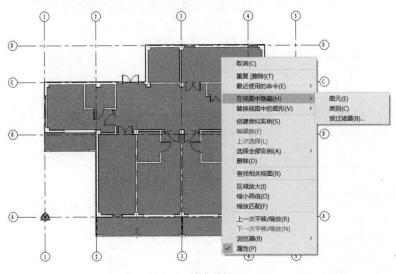

图 7-32 隐藏楼板

2.以疗养院 4 号楼北偏西侧楼梯为例,单击"建筑"选项卡—"工作平面"面板—"参照平面"工具,使用"修改|放置参照平面"上下文选项中的绘制工具,在 2~3 轴与 A~B 轴的相交处绘制参照平面,如图 7-33 所示。

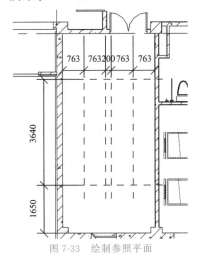

图 7-33 绘制参照平面

3.单击"建筑"选项卡—"楼梯坡道"—"楼梯"—"楼梯（按构件）"，在"属性"面板中单击"编辑类型"，弹出"类型属性"对话框，在"类型属性"对话框中单击"复制"按钮，输入类型名称为"楼梯A"。设最大踢面高度为155.2，最小踏板深度为280，最小梯段宽度为1525。梯段类型为整体梯段，平台类型为180厚度，功能为"内部"。单击"确定"按钮退出楼梯类型属性，如图7-34所示。

图7-34 复制并定义楼梯类型

4.在"修改|创建楼梯"上下文选项"构件"面板中选择"梯段"中的"直梯"工具，在选项栏中"实际梯段宽度"设为"1525"，更改"属性"面板中"底部标高"为"1F"，"底部偏移"为"0"，设"顶部标高"为"2F"，"顶部偏移"为"0"，移动鼠标指针至相应参照平面交点位置进行绘制，如图7-35、图7-36所示。

图7-35 选择直梯绘制工具

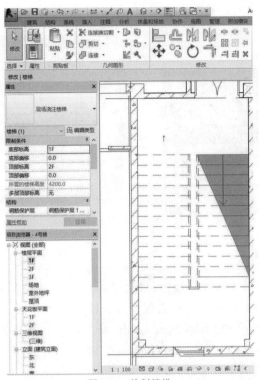

图 7-36　绘制楼梯

5.转到三维视图,勾选三维视图"属性"面板中的"剖面框",调整方位和三维剖面效果,找到相应位置的楼梯,如图 7-37 所示,选择靠墙一侧的扶手,按"Delete"键删除。

图 7-37　楼梯三维效果

6.单击选中楼梯栏杆,选择"重设栏杆扶手",在"属性"面板中可选择其他型号的栏杆扶手,如图 7-38 所示。

7.如需复制楼梯,以疗养院 4 号楼北侧楼梯为例,选中"楼梯"使用"复制"工具将楼梯进行复制,如图 7-39 所示。

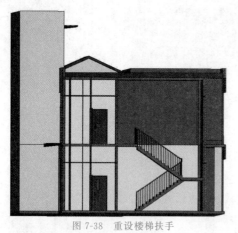

图 7-38　重设楼梯扶手

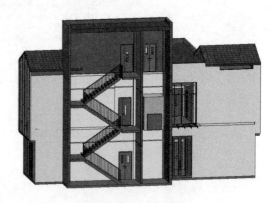

图 7-39　绘制多层楼梯

7.3.2　绘制栏杆

1.启动 Revit，打开"疗养院 4 号楼"项目文件，单击"插入"选项卡"载入族"工具，可从程序族库中选择各种形式的栏杆、扶手和嵌板载入项目中。

2.双击"项目浏览器"中的"楼层平面"，双击"1F"，打开一层平面视图，单击"属性"面板中的"编辑类型"按钮，选择"系统族：栏杆扶手"，在"类型属性"对话框中单击"复制"按钮，输入类型名称为"室外栏杆"，设置参数，如图 7-40 所示。

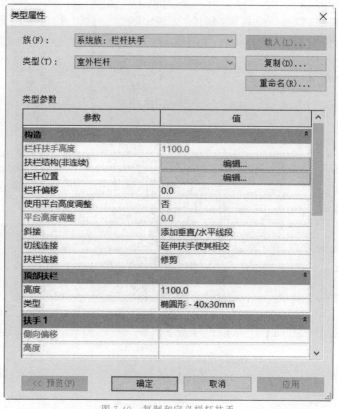

图 7-40　复制和定义栏杆扶手

3.单击"类型属性"对话框中的"扶栏结构(非连续)"后面的"编辑"按钮，进入"编辑扶手

（非连续）"对话框，分别在高度 800、700 处创建 2 根扶手，设置参数，如图 7-41 所示。

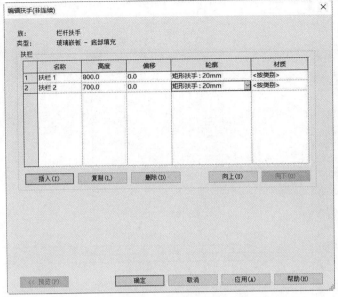

图 7-41　编辑扶手结构

4.设置栏杆、玻璃嵌板、起点支柱、拐角支柱、终点支柱的栏杆族和底部、顶部等位置信息，如图 7-42 所示。

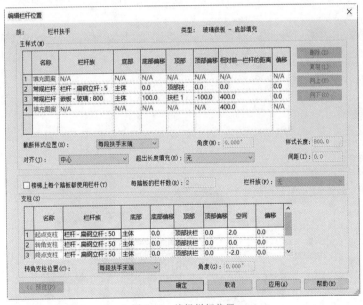

图 7-42　编辑栏杆位置

5.设置"属性"面板中栏杆，约束底部标高为 1F，底部偏移为 0，使用"修改|栏杆扶手＞绘制路径"上下文选项中的"直线"工具沿楼南面室外楼板边缘绘制，单击"模式"面板中的"完成编辑模式"按钮，完成绘制，如图 7-43 所示。

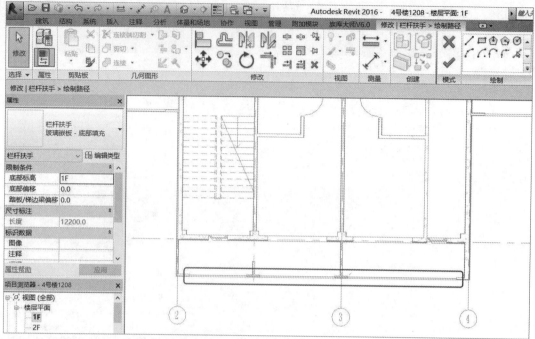

图 7-43 绘制栏杆路径

6.转到三维视图,找到相应位置的扶手栏杆,完成绘制,如图 7-44 所示。

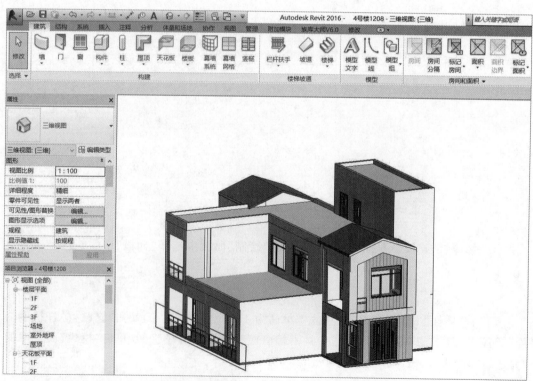

图 7-44 三维栏杆效果

7.3.3 创建坡道

1.启动 Revit，打开"疗养院 4 号楼"项目文件，双击"项目浏览器"中的"楼层平面"，双击"1F"，打开一层平面视图，在建筑的西面靠北侧入口处绘制参照平面，如图 7-45 所示。

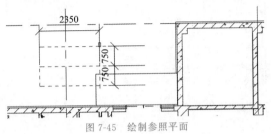

图 7-45　绘制参照平面

2.单击"属性"面板中的"编辑类型"按钮，选择"系统族：坡道"，在"类型属性"对话框中单击"复制"按钮，输入类型名称为"坡道 1"。设置最大斜坡长度：12000；坡道最大坡度：1/12。单击"确定"按钮退出坡道类型属性，如图 7-46 所示。

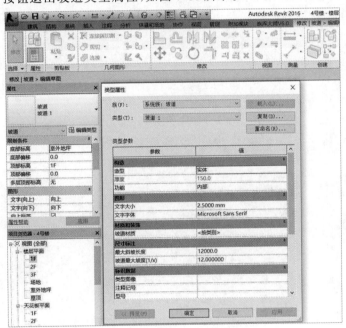

图 7-46　复制并定义坡道类型

3.在"修改|创建坡道草图"上下文选项的"绘制"面板中选择"梯段"中的"直线"工具。修改属性面板参数：底部标高为 1F，底部偏移为 0，顶部标高为 1F，顶部偏移为 0。移动鼠标指针至相应参照平面交点位置单击，确定坡道的起点和终点，单击"完成编辑模式"按钮完成坡道的绘制，如图 7-47、图 7-48 所示。

图 7-47　选择直线工具绘制坡道

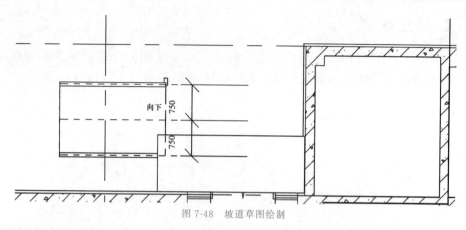

图 7-48　坡道草图绘制

4.转到三维视图，找到相应位置坡道，完成绘制，如图 7-49 所示。

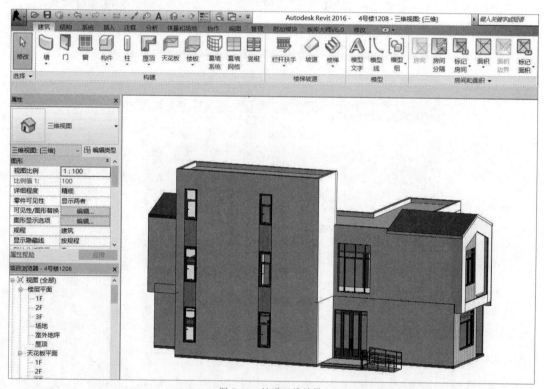

图 7-49　坡道三维效果

第8章

场地设计与设计表现

本章重点和教学目标

思政目标

【本章重点】

(1)地形的创建与场地构件的放置

(2)日光及阴影在视图控制中的设置

(3)漫游的编辑与整体、局部的渲染

【教学目标】

　　掌握地形表面及建筑地坪、场地构件的创建,日光、阴影、漫游动画的设置以及渲染图片的创建。掌握使用"地形表面""放置点""建筑地坪"等命令创建地形、放置地形点及创建建筑地坪;掌握使用"场地构件"命令创建场地构件;掌握使用"试图控制栏"中的"日光路径"选择日光、设置方位角、地坪平面的标高以及阴影的选择;掌握使用"漫游"命令创建漫游动画;掌握使用"渲染"对模型进行简单图片渲染制作。

　　上一章已经了解了楼梯、栏杆与坡道的基本术语与构造的方法及步骤,本章将介绍地形的创建、编辑方法及步骤,介绍日光、阴影在视图中的设置,介绍漫游与渲染的操作。

| 8.1 | 创建与编辑场地 |

本节知识点

8.1.1 场地类型

　　地形表面:地形表面是场地设置的基础。使用"地形表面"工具,可以为项目创建地形表面模型。Revit 提供两种创建地形表面的方式:放置高程点和导入测量文件。放置高程点可以手动添加地形点并指定点高程。Revit 将数据已指定的高程点生成"三维地形表面"。导入测量文件的方式有导入 DWG 文件或测量数据文本,Revit 将自动根据测量数据生成真实场地地形表面。

建筑地坪与场地道路:建筑地坪与场地道路可以用"建筑地坪"工具完成。建筑地坪可以定义结构和深度;在绘制地坪时,可以指定一个值来控制其标高的高度,还可以指定其他属性。可以通过在建筑地坪的边界之内绘制闭合环来定义地坪中的洞口,还可以为该建筑地坪定义坡度。

场地:场地构件,可以用于在场地中添加特定的构件,如树木、花草、室外照明、停车场、篮球场等。在 Revit 中,通过载入族方式载入各种类型供用户使用。

8.1.2 创建地形表面

1.启动 Revit 软件,打开"疗养院 4 号楼"项目文件,双击"项目浏览器"中的"场地"进入场地平面视图,单击左侧"属性"栏—"视图范围"—"编辑"按钮,打开"视图范围"对话框设置视图范围参数,如图 8-1 所示。

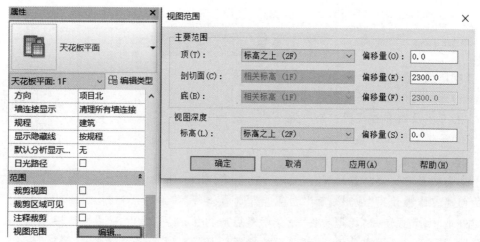

图 8-1 视图范围设置

2.单击"体量和场地"选项卡—"场地建模"面板—"地形表面"按钮,如图 8-2 所示。

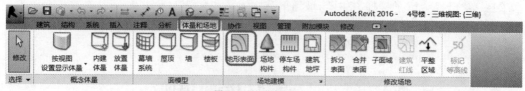

图 8-2 地形表面工具

3.单击"修改|编辑表面"选项卡—"工具"面板—"放置点"按钮,将选项栏中的"高程"修改为"-500"后单击放置四个高程点,单击左侧"属性"面板—"材质和装饰"—"材质"—"按类别"右侧的小矩形按钮来添加材质,完成地形表面的创建,如图 8-3 至图 8-5 所示。

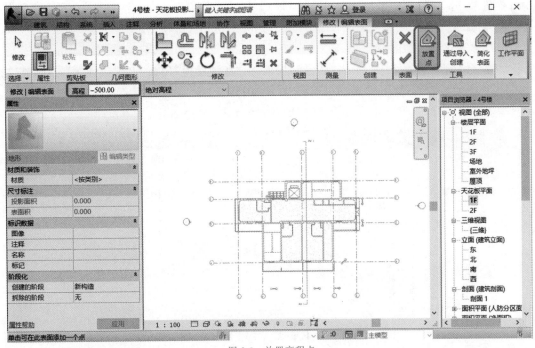

图 8-3 放置高程点

图 8-4 添加材质

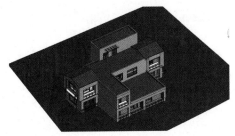

图 8-5 地形表面完成

8.1.3　创建建筑地坪与场地道路

1.创建建筑地坪

切换至"场地"平面视图,单击"体量和场地"—"场地建模"面板—"建筑地坪"按钮,在左侧属性框中设置相应建筑地坪数据,单击"修改|创建建筑地坪边界"—"绘制"—"边界线"按钮右侧的相应工具完成地坪边界的绘制,如图 8-6 至图 8-9 所示。

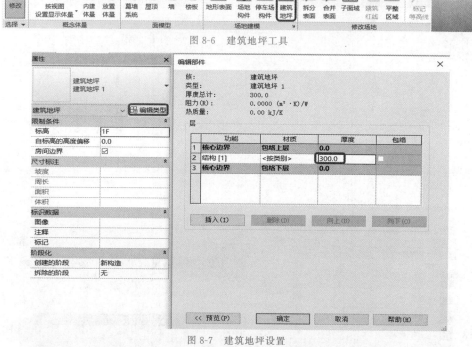

图 8-6　建筑地坪工具

图 8-7　建筑地坪设置

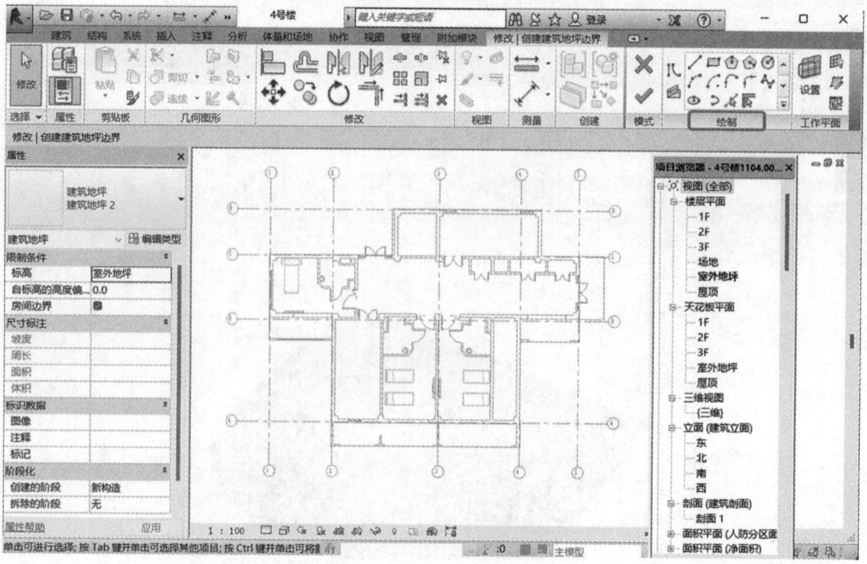

图 8-8　建筑地坪绘制

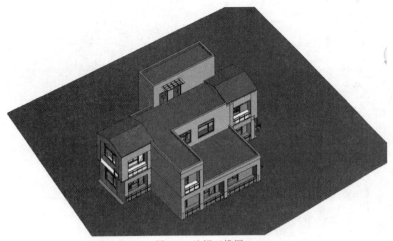

图 8-9　地坪三维图

2.创建场地道路

切换至"场地"平面视图,单击"体量和场地"—"场地建模"面板—"建筑地坪"按钮,先在左侧属性框中进行参数设置,材质设为"场地-碎石"。单击"修改|创建建筑地坪边界"—"绘制"—"边界线"—右侧的"起点-终点-半径弧"工具绘制道路边界,单击"完成编辑模式"按钮完成道路的创建,如图 8-10 至图 8-13 所示。

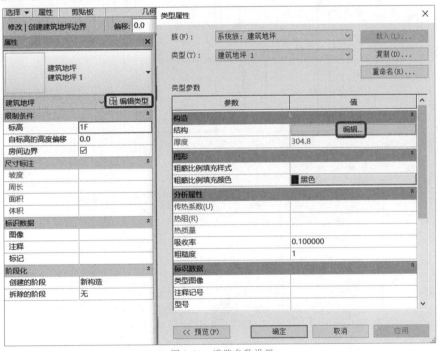

图 8-10　道路参数设置

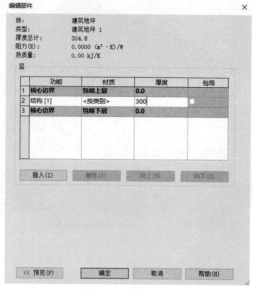

图 8-11　道路材质

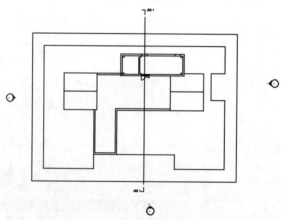

图 8-12　绘制编辑道路

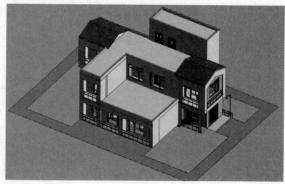

图 8-13　道路三维图

8.1.4 创建场地

1.切换至"场地"平面视图,单击"体量和场地"—"场地建模"—"场地构件"按钮。

2.单击"修改|场地构件"—"模式"面板—"载入族"按钮,弹出"载入族"对话框,双击路

径"建筑"—"植物"—"3D"—"草本"—"草 4 3D.rfa",把所需要的族载入项目中,放置到合适的位置。

3.同理双击路径"建筑"—"植物"—"3D"—"灌木"—"灌木 3 3D.rfa",载入项目中,放置到合适的位置。

4.依次双击路径"建筑"—"配景"—"RPC 甲虫""RPC 男性""RPC 女性"等,将族载入项目中,放置到合适的位置。

注意:

放置停车位及其他停构件建时,按"空格键"可改变停车位的方向。

5.进入三维视图,设置视图控制栏的视觉效果为"真实",视觉效果如图 8-14 所示。

图 8-14　场地构建视觉效果图

注意:

由于真实效果对计算机内存和 CPU 的配置要求较高,会影响软件操作速度,所以在设置完成后,可回到"着色"效果,以方便后面的操作。

8.2　日光与阴影

本节知识点

8.2.1　日光与阴影

在 Revit 中,可以对项目进行日照分析,以反映自然光和阴影对室内外空间和场地的影响,日光的显示可以为真实模拟,也可以将动态输出为视频文件。进行日光分析的主要步骤是项目位置的设定、阴影及日光路径开启、分析(包含静态和动态)、输出成果。

8.2.2　设置项目方位

假设此项目在广州市,建筑朝向为南偏西 15°,以下为设置步骤。

1.单击"管理"面板—"项目位置"—"地点"按钮,打开"位置、气候和场地"对话框,在"位置"选项卡—"项目地址"中输入"广州"后单击右侧"搜索"按钮进行搜索,找到正确的地址后即确定了本项目的地理位置,如图 8-15、图 8-16 所示。

图 8-15　打开"位置、气候和场地"对话框

图 8-16 项目位置设置

2.地理位置确定后项目的方向即"正北"。在"位置、气候和场地"对话框中切换至"场地"选项卡，默认情况下"项目北"与正北方向一致，如图 8-17 所示。

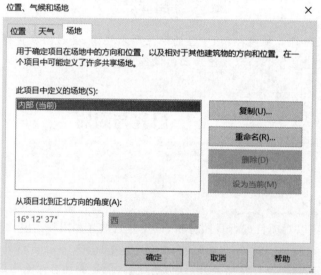

图 8-17 设置项目方向

3.在项目浏览器中切换至"场地"平面视图，当前视图的默认显示方向是"项目北"，要让项目在地理位置上旋转 15°，需要把工作视图的显示方向改为"正北"。单击左侧"属性"框—"图形"—"方向"—"项目北"右侧的下拉菜单按钮，找到并单击"正北"选项，如图 8-18 所示。

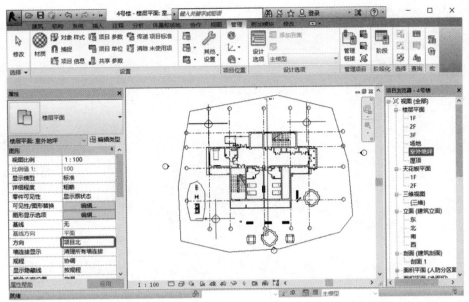

图 8-18 正北方向设置

4.单击"管理"—"项目位置"面板—"位置"—"旋转正北"按钮,若弹出"无法旋转正北"提示框,可选择继续并指定项目旋转角度为 15°,如图 8-19 所示。

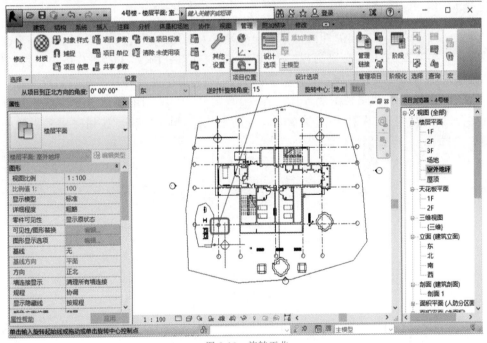

图 8-19 旋转正北

5.设置完成后建筑的地理方位已经发生了变化。设置"正北"后,为方便绘图可以再将视图显示方向修改为"项目北",则建筑物在绘图窗口的显示将变为"项目北"的方向,如图 8-20 所示。

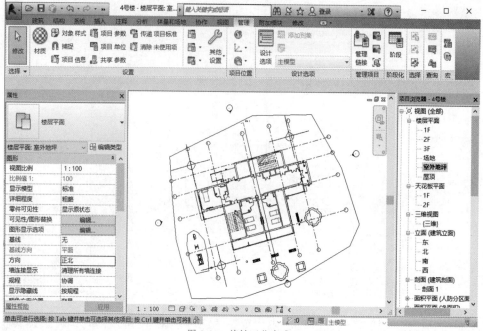

图 8-20　旋转正北完成

8.2.3　设置日光与阴影

设置了建筑的正北方向后即可打开阴影和设置太阳的方位,为日光分析做进一步准备。日照分析一共有四种模式,分别为:静态分析、一天内动态分析、多天动态分析和照明。基于这几种模式,Revit可以分别模拟具体时刻或者一天、多天中动态的日照和阴影情况。

1.打开三维视图,单击视图底部控制栏中"视觉样式"—"图形显示选项",打开"图形显示选项"对话框后勾选"投射阴影"选项来打开阴影显示,单击"确定"按钮完成阴影的开启,如图8-21所示。

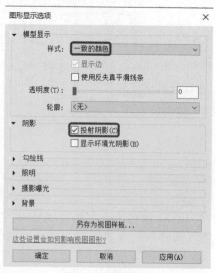

图 8-21　阴影设置

注意：

当阴影状态不显示时，可单击视图底部控制栏中的"打开/关闭阴影"按钮。

2.切换至三维视图，单击视图底部控制栏中"日光路径"按钮，选择"日光设置"选项打开"日光设置"对话框，在对话框内的"日光研究"下勾选"静止"选项，设置地点、日期和时间后单击"确定"按钮返回三维视图，Revit 将按设置的日光位置和之前设定的"正北"方向投射阴影，完成时建筑物在绘图窗口的显示将变为"项目北"的方向，如图 8-22、图 8-23 所示。

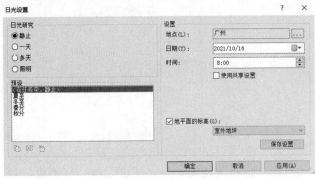

图 8-22 "日光设置"对话框

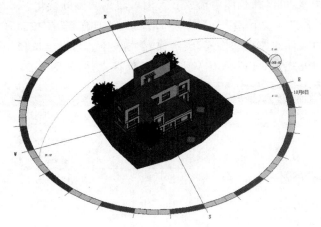

图 8-23 日光路径

3.打开项目浏览器下的日照分析结果视图，在对话框"作为图像保存到项目中"的"为视图命名"输入框中输入名称，进行分辨率设置后保存，可以将已经完成的日照分析图像保存在项目浏览器的"渲染"节点中，找到并打开项目浏览器"渲染"节点可看到刚刚保存的图片，如图 8-24 所示。

图 8-24 保存分析图像

4.复制一个新的三维视图,命名为"动态日光"。单击视图控制栏中"日光路径"按钮打开"日光设置"对话框,在对话框内的"日光研究"下勾选"一天"选项,单击"确定"按钮返回三维视图,如图8-25所示。

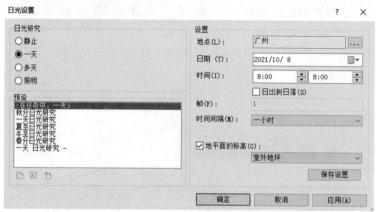

图8-25　日光研究设置为"一天"

5.单击控制栏中的"日光路径"—"日光研究预览"按钮,视图窗口顶部出现预览播放控制条,单击"播放"按钮,可以在视图中播放一天内各时刻阴影的变化。

6.单击左上角"文件"—"导出"—"图像和动画"—"日光研究"按钮弹出"长度/格式"对话框,设置导出视频文件的大小和格式,确定保存的路径。当提示选择压缩格式时,默认为"全部帧",选择压缩模式为"Microsoft Video 1"后保存文件,如图8-26至图8-28所示。

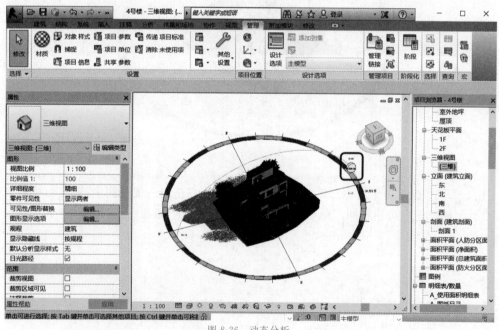

图8-26　动态分析

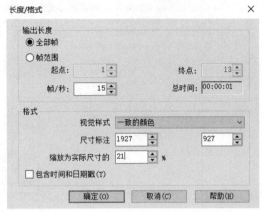

图 8-27　导出动态分析　　　　　　　图 8-28　导出设置

8.3　视角、渲染与漫游

本节知识点

8.3.1　建筑表现简介

建筑表现就是建筑设计的成果表达，分为静态和动态两种。静态包括正交三维视图与透视图和立面图等，动态主要是漫游动画。渲染可用于创建建筑模型的照片级真实感图像，并可导出 JPG 格式的图像文件供设计师与业主进行交流。Revit 集成了 Mental Ray 渲染引擎，不需要使用其他软件就可以生成建筑模型的照片级真实渲染图片。

8.3.2　设置视角

1.正交三维视图用于显示三维视图中的建筑模型，在正交三维视图中，不管相机距离的远近，所有构件的大小均相同。单击"视图"选项卡—"创建"面板—"三维视图"下拉菜单—"默认三维视图"选项，软件自动将相机放置在模型的东南角之上，同时目标定位在第一层的中心，如图 8-29 所示。

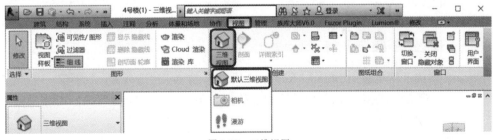

图 8-29　三维视图

2.切换至"1F楼层平面"平面视图,单击"视图"选项卡—"创建"面板—"三维视图"下拉菜单—"相机"选项。在选项栏勾选"透视图"选项,单击绘图区域中需要放置相机的地方来放置相机,如图 8-30、图 8-31 所示。

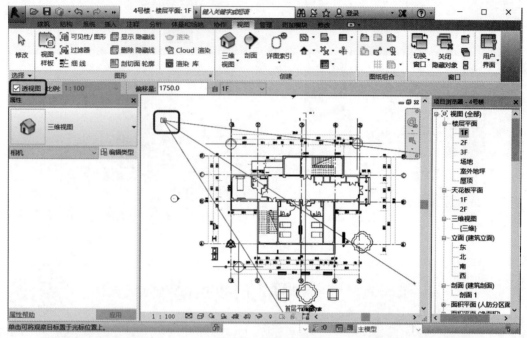

图 8-30　创建透视图

图 8-31　透视图的隐藏线效果

8.3.3　设置渲染

1.Revit 集成了简化版的 Mently Ray 渲染器。单击"视图"选项卡—"图形"—"渲染"按钮弹出"渲染"对话框,在该对话框中设置相应的渲染参数后单击"渲染"按钮,对相机视图进行图像的渲染,如图 8-32 所示。

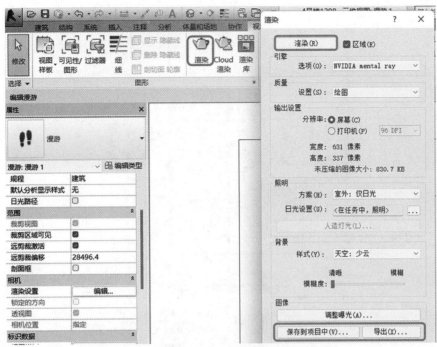

图 8-32 渲染参数设置

2.渲染完成后,单击"渲染"对话框中的"保存到项目中"按钮,即可将渲染好的图像保存到此项目中。单击"导出"按钮即可把渲染完成的图像导出到项目之外以便后续进行查看渲染后的图像,渲染效果如图 8-33 所示。

图 8-33 渲染效果图

8.3.4 设置漫游

漫游是在一条漫游路径上,创建多个活动相机,再将每个相机的视图连续播放。需要先创建一条路径,然后调节路径上每个相机的视图,Revit 漫游中会自动设置很多关键相机视图,即关键帧,通过调节这些关键帧视图来控制漫游动画。

1.创建漫游路径。切换至"1F"楼层平面视图,单击"视图"选项卡—"创建"面板—"三维视图"—"漫游"按钮,进入漫游路径绘制状态。

2.设置漫游参数后,将鼠标光标放在车库入口处开始绘制漫游路径,单击插入一个关键点,隔一段距离再插入一个关键点,单击"完成漫游"按钮完成漫游路线编辑,如图 8-34 所示。

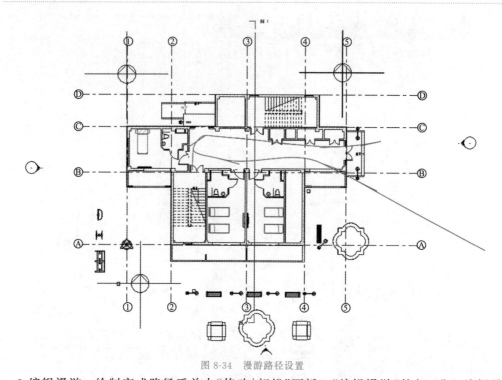

图 8-34　漫游路径设置

3.编辑漫游。绘制完成路径后单击"修改|相机"面板—"编辑漫游"按钮,进入编辑关键帧界面状态。在平面视图中单击"上一关键帧"和"下一关键帧"依次调整相机的视线方向和焦距等。调整完成后单击"编辑漫游"面板—"打开漫游"按钮,进入三维视图调整视角和视图范围。编辑完所有"关键帧"后,单击左侧"属性"框—"其他"—"漫游帧"—"300"按钮,打开"漫游帧"对话框,通过调节"总帧数"等数据来调节漫游速度的快慢,单击"确定"按钮完成设置,如图 8-35 所示。

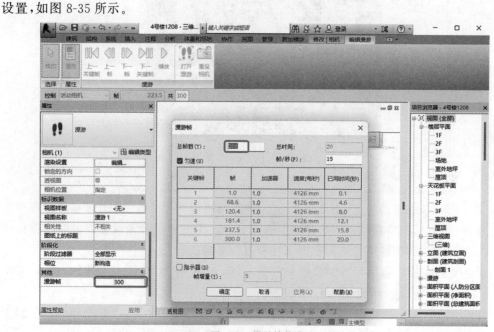

图 8-35　漫游帧数设置

4.调整完成后,双击"项目浏览器"—"视图"—"漫游"—"漫游 1"按钮打开刚创建的"漫游 1"。用鼠标选定视图中的视图框,单击"修改|相机"面板—"漫游"—"编辑漫游"按钮,多次单击"修改|相机"面板—"漫游"—"上一关键帧"按钮,直至此按钮显示灰色。再单击右侧"播放"按钮开始播放漫游动画,如图 8-36 所示。

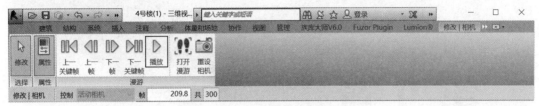

图 8-36　播放漫游动画

5.导出漫游。漫游创建完成后,单击左上角"文件"—"导出"—"图像和动画"—"漫游"按钮,弹出"长度/格式"对话框,在该对话框中设置相应数据后单击"确定"按钮,弹出"导出漫游"掉价框,输入文件名并选择路径,单击"保存"按钮,弹出"视频压缩"对话框,在该对话框中选择压缩程序图为"Microsoft Video1"后单击"确定"按钮,即可将漫游文件导出为外部 AVI 文件,如图 8-37、图 8-38 所示。

图 8-37　漫游导出工具

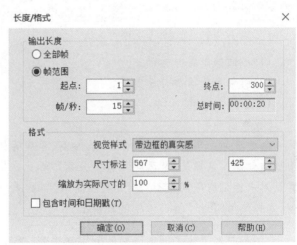

图 8-38　漫游格式设置

第 9 章

房间、明细表与图纸

本章重点和教学目标

【本章重点】

(1)房间的布置与标记

(2)明细表的添加与设置

(3)图纸的创建

【教学目标】

　　熟悉房间的布置,掌握尺寸标注,标高、角度等的标记,掌握明细表的创建与编辑以及图纸的创建。掌握使用"房间""房间分割""标记房间"等命令创建、分割区域进行房间布置及对未标记的房间进行标记;掌握使用"明细表/数量""导出明细表"等命令创建明细表;掌握使用"图纸"编辑标题创建图纸。

思政目标

　　上一章已经了解了创建场地的方法和步骤,学习了日光设置方法、正交三维视图与透视图、漫游和渲染的创建方法和步骤,本章将介绍房间、明细表和图纸的创建方法和步骤。

本节知识点

9.1　创建房间

9.1.1　布置房间

　　1.切换至"1F"楼层平面视图,单击功能区的"建筑"—"房间和面积"—"房间 分隔"按钮,在弹出的"修改|放置房间分隔"选项卡中单击"绘制"—"线"按钮,绘制三条直线,单击两

次"Esc"键完成分隔任务，如图 9-1、图 9-2 所示。

图 9-1　房间和面积面板

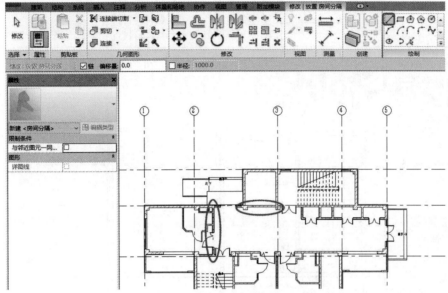

图 9-2　放置房间分隔

2.单击功能区的"建筑"—"房间和面积"—"房间"按钮，设置左侧"属性"面板类型中房间标记的类型为"标记_房间-无面积-方案-黑体-4-5mm-0-8"，设置完成后单击需要创建房间的位置，即可创建房间，如图 9-3 所示。

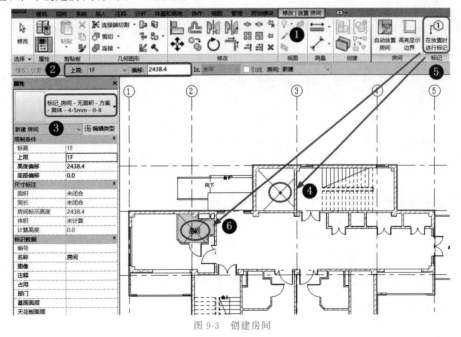

图 9-3　创建房间

3.按照上述方法创建其他楼层的房间分隔和房间,以"1F"楼层房间为例,如图9-4所示。

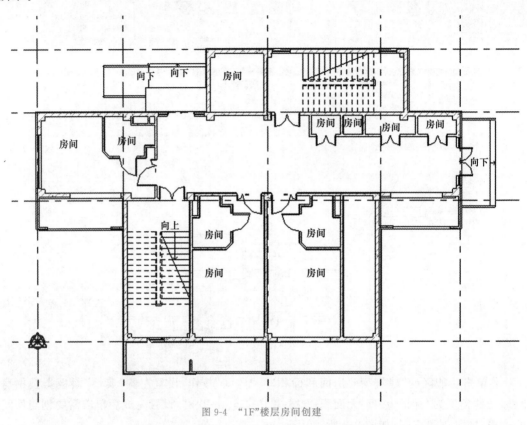

图9-4 "1F"楼层房间创建

注意:

在设置房间颜色方案前,房间对象默认是透明的,在选择房间图元后高亮显示。

9.1.2 放置房间标记

1.切换至"1F"楼层平面视图,单击功能区的"建筑"—"房间和面积"—"标记 房间"按钮,进入放置房间标记模式,如图9-5所示。

图9-5 标记房间面板

2.鼠标光标移至房间内,出现"房间"标记,选中房间,在"属性"面板中将"编号"修改为"101",将"名称"修改为"单人间",如图9-6、图9-7所示。

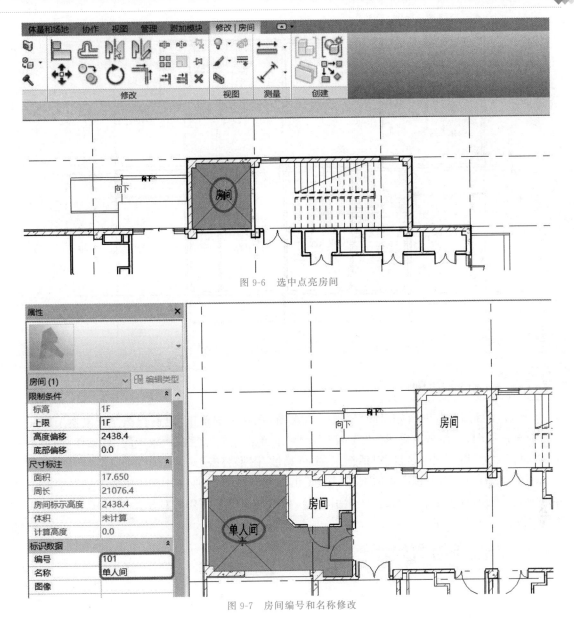

图 9-6　选中点亮房间

图 9-7　房间编号和名称修改

注意：

双击房间名称（不可快速连续双击，否则会进入族的编辑界面，应稍缓慢单击两次），进入标记文字编辑状态修改房间名称，其效果与修改实例参数名称完全一致，但不能更改房间编号。依次将各个房间名称进行修改，如图 9-8 所示。

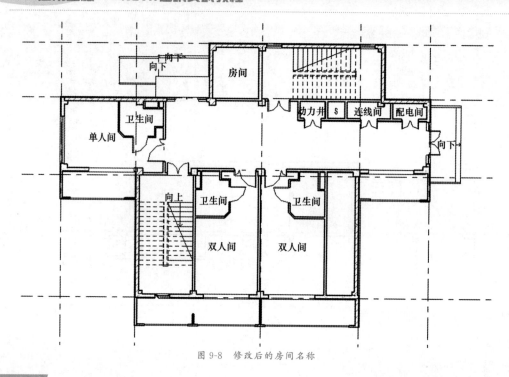

图 9-8　修改后的房间名称

9.1.3　房间图例

1.在项目浏览器中,右击"1F"楼层平面视图,在列表中单击"复制视图"—"复制"选项。切换至该视图,重命名该视图为"1F-房间图例"。单击左侧"属性"面板中的"可见性/图形替换",打开"可见性/图形替换"对话框。在"可见性/图形替换"对话框中,切换至"模型类别"选项卡,取消勾选当前视图中的地形、场地、植物和环境等类别,切换至"注释类别"选项卡,取消勾选当前视图中的剖面、详图索引符号,参照平面等不必要的对象类别,如图 9-9、图 9-10 所示。

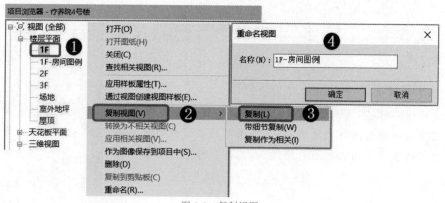

图 9-9　复制视图

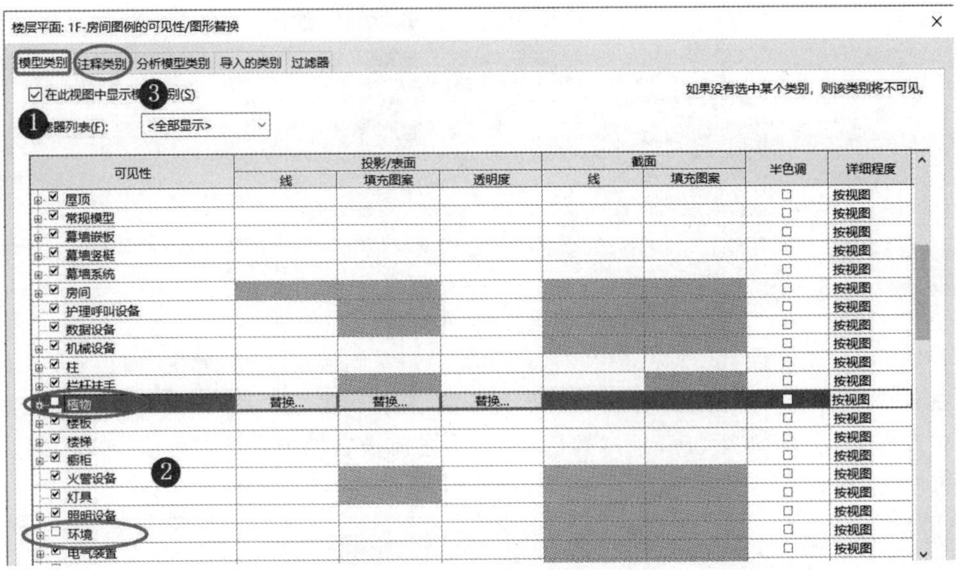

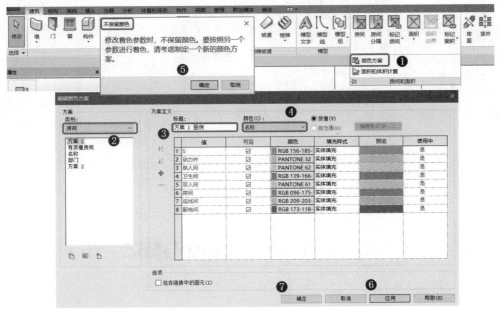

图 9-10 可见性设置

2.单击功能区的"建筑"—"房间和面积"下拉列表—"颜色方案"选项,进行房间图例方案设置。在弹出的"编辑颜色方案"对话框中将方案类别修改为"房间",修改"标题"为"1F-房间图例",选择"颜色"列表为"名称"。在弹出的"不保留颜色"对话框中单击"确定"按钮,在"编辑颜色方案"对话框中单击"应用"—"确定"按钮,如图 9-11 所示。

图 9-11 颜色方案设置

注意:

在"编辑颜色方案"对话框中单击颜色列表左侧的向上、向下按钮可调整房间名称顺序。在"颜色"列中可以对自动生成的图例颜色进行更改,在"填充样式"列中可以对图例的填充样式进行更改。

3.打开"1F-房间图例"楼层平面视图,单击功能区的"注释"—"颜色填充"—"颜色填充图例"按钮,在"属性"面板中选择"楼层平面:1F-房间图例",如图 9-12 所示。

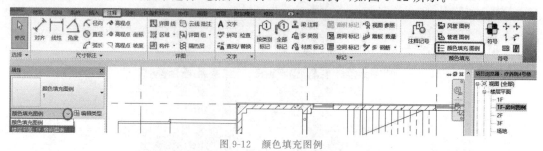

图 9-12　颜色填充图例

4.在界面底部切换视图样式为"线框" <u>线框</u>。在左侧楼层平面"属性"面板中,单击"颜色方案"—"方案 1"。单击视图空白位置放置图例,在弹出的"选择空间类型和颜色方案"对话框中选择"空间类型"为"房间","颜色方案"为之前设定的方案(方案 1),单击"确定"按钮,移动鼠标指针至视图中空白位置单击,放置图例,如图 9-13 所示。

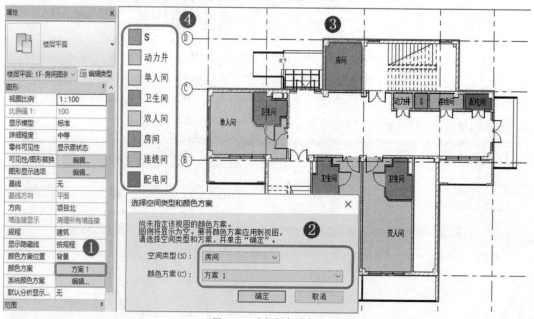

图 9-13　房间颜色填充

本节知识点

9.2 添加文字、标注与标记

9.2.1 添加文字

1.二维文字

(1)打开"1F"楼层平面视图,单击功能区的"注释"—"文字"—"文字"按钮,添加文字注释,如图 9-14 所示。

图 9-14 选择"文字"工具

(2)在弹出的"修改|文字注释"选项卡的"格式"面板中选择合适的引线和段落的对齐方式。在视图中放置文字注释的位置,例如"标高"等,如图 9-15 所示。

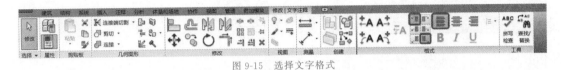

图 9-15 选择文字格式

(3)添加文字注释后,可单击创建完成的文字对其进行编辑以更改其位置或做出其他修改,如图 9-16 所示。

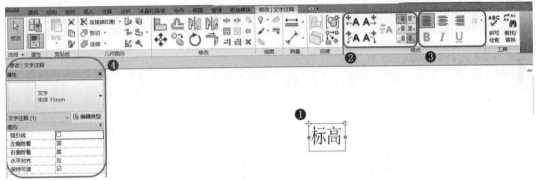

图 9-16 添加文字注释

2.模型文字

模型文字是基于工作平面的三维图元,可用于建筑或墙上的标志或字母。对于能以三维方式显示的族(如墙、门、窗和家具族),可以在项目视图和族编辑器中添加模型文字。模型文字不可用于只能以二维方式表示的族,如注释、详图构件和轮廓族。可以指定模型文字的多个属性,包括字体、大小和材质。

9.2.2 添加标注

1.线性尺寸标注

单击功能区的"注释"—"尺寸标注"—"对齐"按钮,在适当的位置进行标注,如图 9-17 所示。

2.角度尺寸标注

单击功能区的"注释"—"尺寸标注"—"角度"按钮,在适当的位置进行标注,如图 9-18 所示。

3.高程点

单击功能区的"注释"—"尺寸标注"—"高程点"按钮,在"属性"面板的"类型选择器"中选择"三角形不透明(相对)",设置完成后在视图空白处双击,选择合适的位置添加高程点,完成以上操作后单击两次"Esc"键退出,如图 9-19 所示。

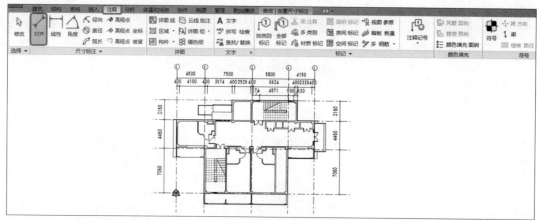

图 9-17　添加尺寸标注

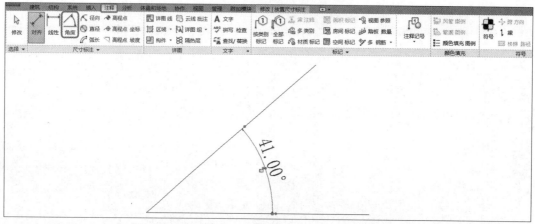

图 9-18　添加角度尺寸标注

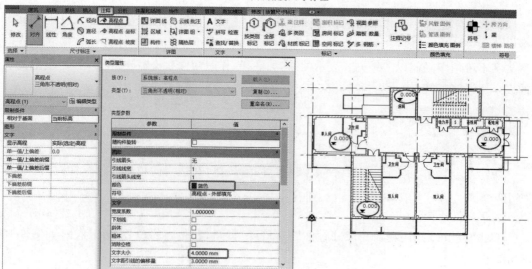

图 9-19　添加高程点标注

4.高程点坡度

（1）在项目浏览器中，双击立面（建筑立面）中的"南"立面视图，切换至"南"立面视图，单击功能区的"注释"—"尺寸标注"—"高程点 坡度"按钮，如图 9-20 所示。

图 9-20　高程点坡度标注

（2）修改选项栏中的坡度表示为"箭头"，在"属性"面板的"类型选择器"中选择高程点坡度类型为"坡度"，默认高程点坡度标注为"千分制"格式，需在"属性"面板的"编辑类型"中将"条件格式"设置为"百分比"格式，鼠标指针移动至视图需要标注的位置，如图 9-21 所示。

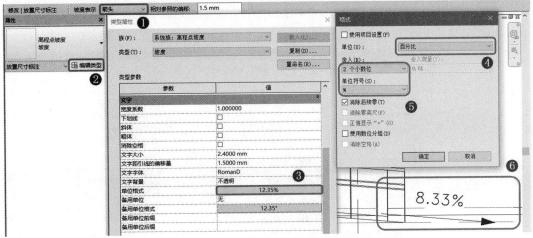

图 9-21　添加高程点坡度标注

9.2.3　添加标记

标记是用于在图纸中识别图元的注释，使用"标记"工具将标记附着到选定图元，标记相关联的属性会显示在明细表中，该方面功能在门窗标记中使用较多。单击功能区的"注释"—"标记"—"按类别标记"按钮或"全部标记"按钮，如图 9-22、图 9-23 所示。

图 9-22　选择"标记"工具

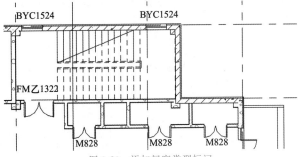

图 9-23　添加门窗类型标记

9.3 明细表

本节知识点

9.3.1 创建门明细表

1.单击功能区的"视图"—"创建"—"明细表"按钮,在下拉列表中选择"明细表/数量"选项,在弹出的"新建明细表"对话框中单击"类别"—"门"—"确定"按钮,如图9-24所示。

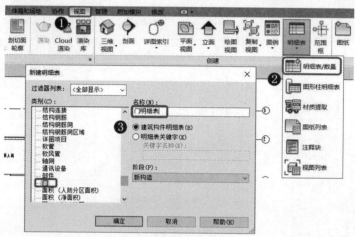

图9-24 新建门明细表

2.弹出"明细表属性"对话框,在"可用的字段"列表里选择"族与类型""宽度""高度""合计"参数,单击"添加"按钮将其添加到"明细表字段"中,可通过"上移""下移"按钮调整参数顺序。单击属性面板中的"排序/成组"选项卡,设置排序方法,完成门明细表的创建,如图9-25至图9-28所示。

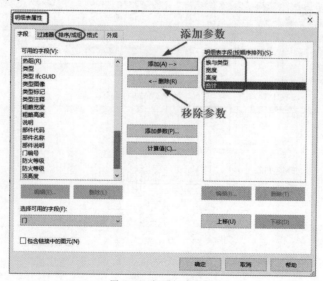

图9-25 门明细表字段

图 9-26 默认门明细表

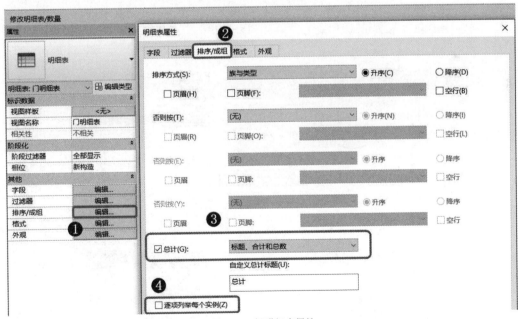

图 9-27 门明细表属性

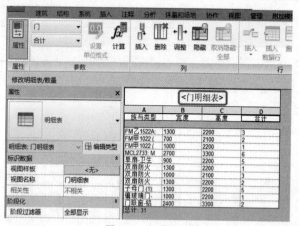

图 9-28 门明细表

9.3.2 创建窗明细表

窗明细表创建方法与门明细表相似,如图 9-29 至图 9-31 所示。

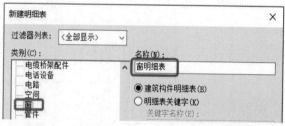

图 9-29 新建窗明细表

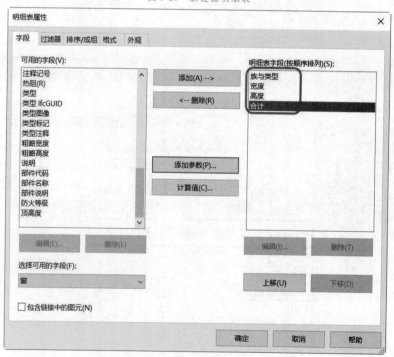

图 9-30 窗明细表字段

图 9-31　窗明细表

9.4　图纸的创建

9.4.1　创建平、立、剖面图

1.创建平面图,右击"项目浏览器"的"1F"楼层平面视图,按本章前部分所示的方法复制一个视图,并命名为"1F 平面布置图"。选中复制的视图,然后单击属性面板中的"编辑类型"按钮,打开"类型属性"对话框。单击"复制"按钮,命名为"图纸",此时"1F 平面布置图"平面已经被移动到了一个单独的楼层平面分类下,如图 9-32 所示。

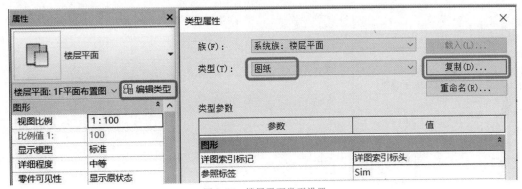

图 9-32　楼层平面类型设置

2.为了保证视图的整洁美观,在出图时可将不需要的图元隐藏。单击"属性"面板中的"可见性/图形替换",打开"可见性/图形替换"对话框。在"可见性/图形替换"对话框中,切换至"模型类别"选项卡,不勾选当前视图中的地形、场地、植物和环境等类别,切换至"注释类别"选项卡,不勾选当前视图中的参照平面等不必要的对象类别。

3.此时门窗均不可见,单击"属性"面板中的"视图范围"按钮,调整"剖切面"偏移为"1000",底部和视图深度偏移调整为"－1500",此时,门窗均为可见,如图 9-33 所示。

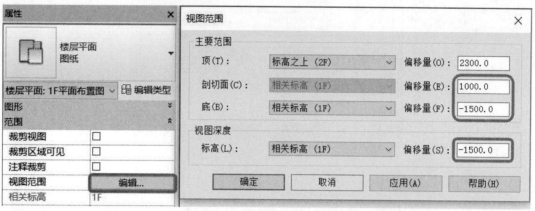

图 9-33　门窗视图范围调整

4.为平面布置图添加注释,首先按照图 9-6 所示的方法为"1F 平面布置图"添加房间名称。然后添加高程符号,单击功能区的"注释"—"尺寸标注"—"高程点"按钮,在"属性"面板的"类型选择器"中选择"三角形不透明(相对)",设置完成后在房间空白处双击,选择合适的位置添加高程点,完成以上操作后单击两次"Esc"键退出,如图 9-34、图 9-35 所示。

属性　×

高程点
三角形不透明(相对)

高程点 (1)　　　　编辑类型

限制条件
相对于基面	当前标高

图形

文字
显示高程	实际(选定)高程
单一值/上偏差	0.0
单一值/上偏差前缀	
单一值/上偏差后缀	
下偏差	
下偏差前缀	
下偏差后缀	

类型属性　×

族(F)：系统族：高程点　　载入(L)...

类型(T)：三角形不透明(相对)　　复制(D)...

重命名(R)...

类型参数

参数	值
限制条件	
随构件旋转	□
图形	
引线箭头	无
引线线宽	1
引线箭头线宽	1
颜色	蓝色
符号	高程点 - 外部填充
文字	
宽度系数	1.000000
下划线	□
斜体	□
粗体	□
消除空格	□
文字大小	4.0000 mm
文字距引线的偏移量	3.0000 mm

图 9-34　高程点属性

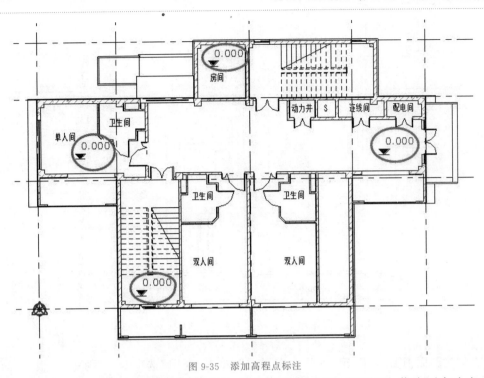

图 9-35　添加高程点标注

5.进行尺寸标注,单击功能区的"注释"—"尺寸标注"—"对齐"按钮,依次对各个方向进行标注,用上述方法创建其他楼层的平面布置图,如图 9-36 所示。

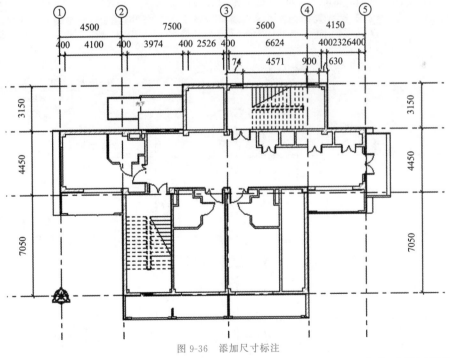

图 9-36　添加尺寸标注

6.创建立面图,复制一个东立面视图,将"类型"属性改为"图纸",隐藏不需要的图元,调整标高和轴网的位置,进行尺寸标注,按上述方法创建其他立面视图,如图 9-37 所示。

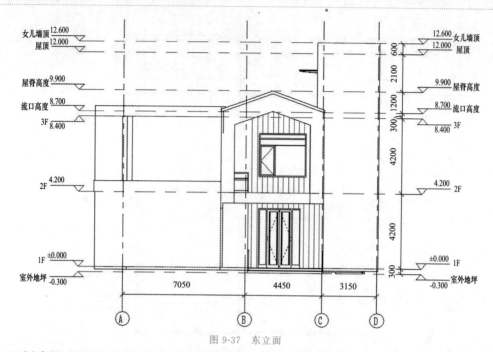

图 9-37 东立面

7.创建剖面视图,切换至"1F 平面布置图",单击"视图"选项卡—"创建"面板—"剖面"按钮,在 3 轴线和 4 轴线之间创建剖面,重新命名为"剖面 1-1",如果弹出下图所示的警告框,打开"可见性/图形替换"对话框,在"可见性/图形替换"对话框中切换至"注释类别"选项卡,勾选当前视图中的剖面即可,如图 9-38 所示。

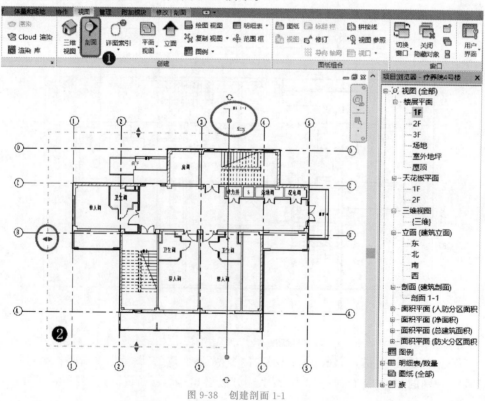

图 9-38 创建剖面 1-1

注意：

在剖面视图中，可以通过拖曳此图所示的三角（软件中显示为蓝色），调整剖面的视图深度。

8.剖面创建完成后，右击选择"转到视图"选项，在"可见性/图形替换"对话框中取消勾选不需要的图元，对"楼板""结构基础"和"框架"等进行截面填充设置。颜色设为"灰色"，填充图案设为"混凝土-钢砼"。完成后取消勾选剖面视图"属性"面板中的"裁剪视图"和"裁剪区域可见"选项。对剖面图进行尺寸标注，其他剖面图可参照此方法进行创建，如图 9-39 至图 9-41 所示。

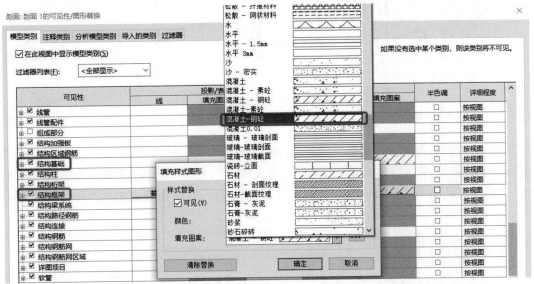

图 9-39　截面填充设置

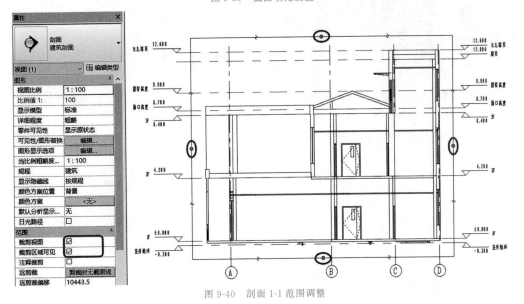

图 9-40　剖面 1-1 范围调整

注意：

在剖面视图中，可以通过拖曳此图所示的圆点（软件中显示为蓝色）调整剖面的视图范围。

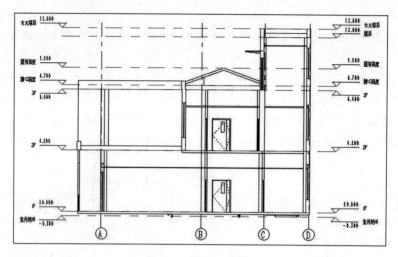

图 9-41　剖面 1-1 视图

9.4.2　创建详图

1.在左侧项目浏览器中切换至视图"屋顶"平面视图,单击"属性"面板中的"视图范围"按钮设置剖切面(若屋顶有天窗,该设置使得天窗显示)。单击"视图"选项卡—"创建"面板—"详图索引"按钮绘制矩形区域。右击详图索引边框,在弹出列表中单击"转到视图"选项,视图范围如图 9-42 所示。

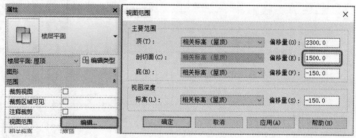

图 9-42　屋面视图范围调整

2.单击左侧"属性"面板中的"编辑类型"按钮,复制一个新的类型,并命名为"详图",其他详图参照此方法创建,如图 9-43 所示。

图 9-43　详图

9.4.3　创建图框标题栏

单击功能区的"视图"选项卡—"图纸组合"面板—"图纸"按钮,在弹出的列表中选择"A3 公制"标题栏,如图 9-44、9-45 所示。

图 9-44　创建图纸

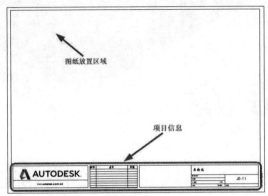

图 9-45　图纸边框

注意：双击右侧信息，可以进入族编辑状态，按照需要进行修改和调整即可。

第 10 章

文档输出

本章重点和教学目标

【本章重点】

(1) 文件 DWG 格式的导出

(2) 文件其他格式的导出

思政目标

【教学目标】

掌握文件 DWG、NWC、FBX、IFC 文件的导出，以及导出动画与图像、明细表。掌握使用"导出"命令对导出的层线、填充图案、文字颜色字体等进行设置；掌握制作漫游后进行动画的导出；掌握明细表 TXT 文本格式转换为 Excel 的导出；掌握文件打印的设置，并进行文件的打印。

上一章已经了解了模型创建和图纸布局，且 Revit 的动态设计功能可保证模型与图纸的一致性，一处修改，处处更新，本章将介绍基于前面创建的模型导出为其他格式的文件，最大限度地体现模型的价值。

本节知识点

10.1 导出 DWG 文件

10.1.1 导出命令

在 Revit 中，可将布置好的图纸或视图导出成 DWG、DWF、DGN 及 SAT 等格式的 CAD 数据文件，以方便为使用 CAD 软件的设计人员提供依据。DWG 格式的图纸是使用较多的,也是设计单位不同专业协同设计、指导现场施工的参考依据。接下来讲解 CAD 图纸导出的基本流程。

1.找到应用程序菜单左上方的""的"文件"选项,单击"文件"—"导出"选项,可弹出"创建交换文件并设置选项"列表,如图 10-1 所示。

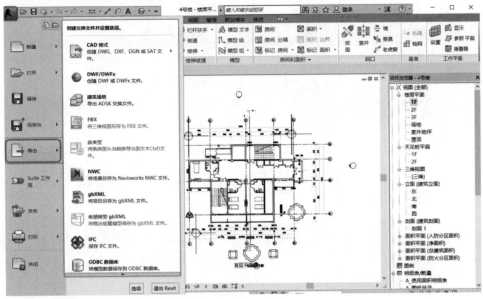

图 10-1 导出 CAD 格式

2.弹出的列表中提供了多种导出的文件类型,以"CAD 格式"为例,包含 DWG、DXF、DGN 的文件格式。单击"CAD 格式"选项,在弹出的列表中选择"DWG"选项,可导出 DWG 格式的文件,如图 10-2 所示。

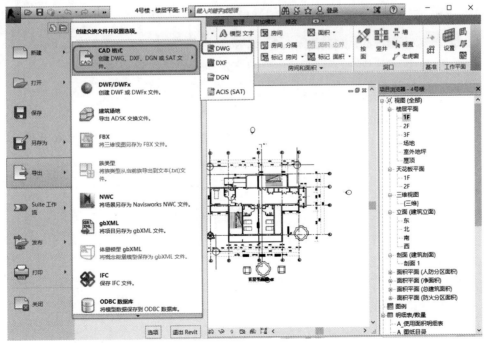

图 10-2 选择导出格式

10.1.2 导出设置

1.在 Revit 中没有图层的概念,而 CAD 图纸中图元均有自己所属的图层,在导出时可对图层进行设置,单击"DWG 导出"对话框中的"选择导出设置"后方的"..."按钮,如图 10-3 所示。

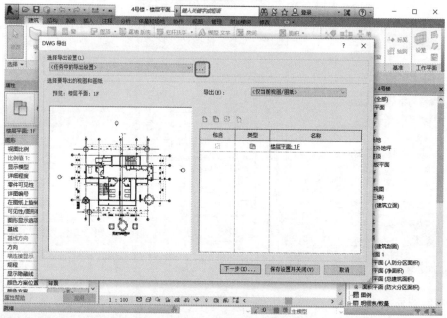

图 10-3 导出设置

2.在上一步弹出的"修改 DWG/DXF 导出设置"对话框中,可单击左下方的"新建导出设置"—"确定新建导出设置"按钮,新建导出设置,如图 10-4 所示。

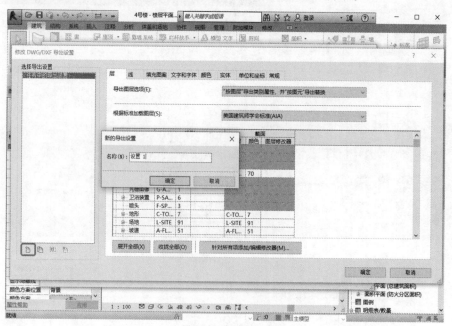

图 10-4 新建样式

3.在选项中可依次对导出的层线、填充图案、文字和字体、颜色、实体、单位和坐标等进行设置。设置完成后单击"确定"按钮后关闭"修改 DWG/DXF 导出设置"对话框,并在"DWG 导出"对话框中的"选择导出设置"下拉列表选择刚刚设置的样式作为导出样式,如图 10-5 所示。

图 10-5　新样式编辑

10.1.3　图集设置

1.默认情况下,软件会以当前视图作为导出图纸,单击"新建集"—"确定新建集" 按钮。新建一个图纸集并将其名称命名为"建筑",如图 10-6 所示。

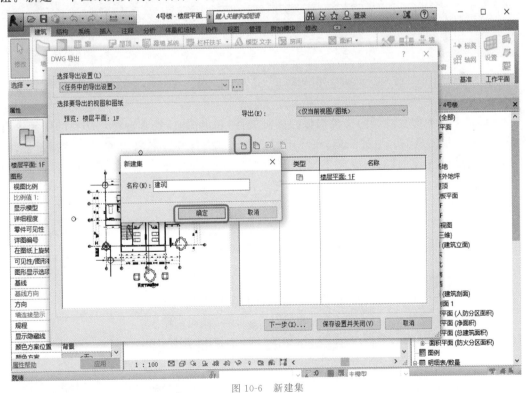

图 10-6　新建集

2.在弹出的对话框中勾选项目中所有的建筑图纸。勾选完成后,单击"下一步"按钮,如

图 10-7 所示。

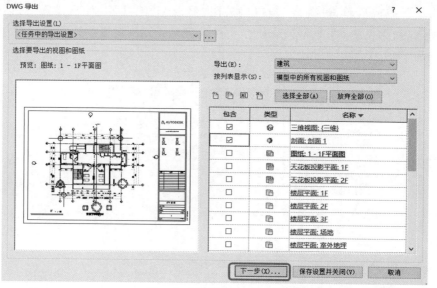

图 10-7　勾选需要添加的图纸

3.在设置保存位置的对话框下方可设置文件保存的位置、CAD 版本、命名方式等信息，注意一般不要选择"将图纸上的视图和链接作为外部参照导出"，否则图纸中的每一个视图都将作为一个单独的文件被导出，如图 10-8 所示。

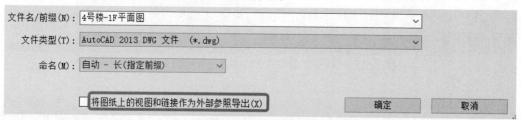

图 10-8　导出目标位置

4.浏览至需要保存图纸的文件夹保存图纸文件，在出图时，经常会将不必要的图元进行隐藏，如果采用的是临时隐藏隔离，在导出时会弹出"临时隐藏/隔离 中的 导出"提示框，在这里需要选择"将 临时隐藏/隔离 模式保持为打开状态并 导出"，如果选择的不是此项，视图中的隐藏隔离不仅会在导出的图纸中失效，并且会在项目中重新显示出来，如图 10-9 所示。

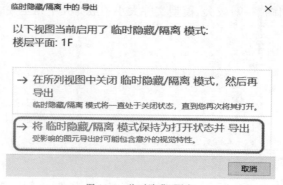

图 10-9　临时隐藏/隔离

5.一般情况下,出图前在视图控制栏中单击"将隐藏/隔离应用到视图"选项,避免导出图纸时操作失误引起的重复工作,如图 10-10 所示。

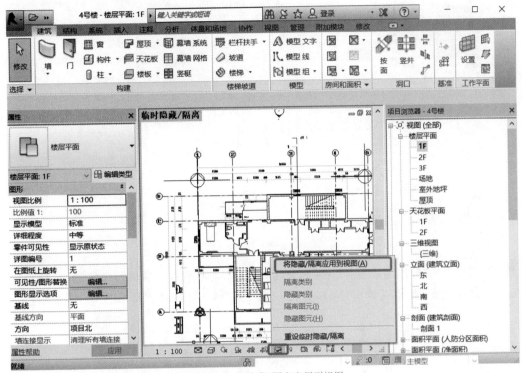

图 10-10 将隐藏/隔离应用到视图

10.2 导出其他文件与图纸打印

本节知识点

10.2.1 导出其他文件

1.导出 NWC 文件

在 Revit 中模型体量一般较大,模型文件大小一般为几十兆至几百兆,在浏览时会出现不流畅的现象,在实际工程中,常将模型导入 Navisworks 中进行多专业模型的整合及轻量化浏览。NWC 格式是从 Revit 到 Navisworks 的缓冲轻量化文件。

(1)在应用程序菜单下方单击"文件"—"导出"—"NWC"格式,如图 10-11 所示。

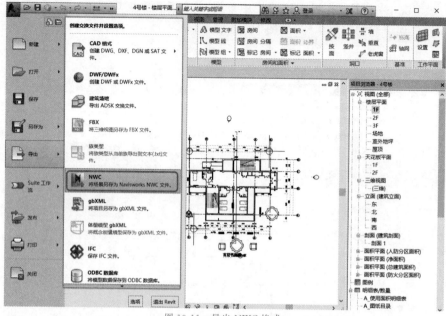

图 10-11　导出 NWC 格式

（2）在弹出的"导出场景为..."对话框中可对文件名称及保存位置进行设置，单击左下方的"Navisworks 设置"选项，可弹出"Navisworks 选项编辑器-Revit"对话框，如图 10-12 所示。

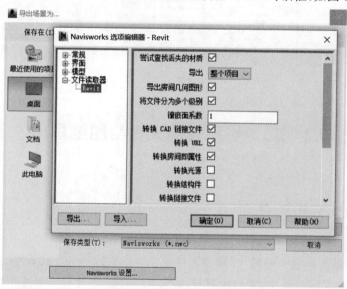

图 10-12　Navisworks 设置

2.导出 FBX、IFC 文件

（1）选择左上角的"文件"—"导出"—"FBX"或"IFC"格式，按钮，导出的这些格式可在其他软件中进行查看，导出相关的文件。但编辑或查看的过程中需要明确与之前的模型构件相比是否有构件的缺失。比如能够通过 Revit 导出 IFC 文件，在其他设计或分析软件中打开并编辑，并且其他软件能够通过构件的信息进行"再生"，这样就不怕构件的缺失。反之有时在 Revit 中打开 IFC 文件会造成构件的缺失，原因是软件之间的族可能不同，Revit 无法识别其他软件的构建类型，如图 10-13 所示。

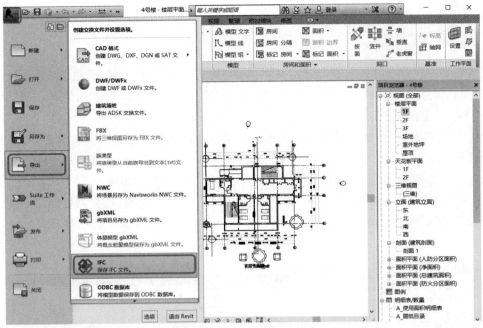

图 10-13　导出 FBX 或 IFC 格式

（2）Revit 同时也支持其他格式，导出的方式都是一样的。将导出的格式文件命名或者选择存放的位置。

注意：

IFC 是国际通用的 BIM 标准格式，在导出时其对话框为英语，设置方式与其他的设置相似，在此不再赘述，如图 10-14 所示。

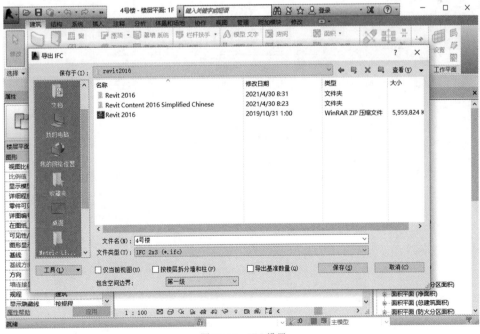

图 10-14　IFC 设置

10.2.2 导出动画与图像

1.导出动画首先应会制作漫游动画,选择三维视图中的"漫游",在需要制作漫游的建筑物或者场景中设置漫游的轨迹,单击工具栏中的"确定"按钮完成漫游,所制作的漫游就会出现在"项目浏览器"中的漫游选项中,单击左上角的"文件"—"导出"—"图像和动画"—"漫游" 漫游 按钮即可。

2.导出图像首先应制作图像,单击"视图"—"三维视图"—"相机"按钮,放置平面视图,拖动选择角度以及需要渲染的范围,然后会自动显示一个视图。此时可手动拖动剖面框加大或缩小视图范围,也可在剖面框中按"Shift"键选择建筑场景的角度。

3.在工具栏的"视图"中单击"渲染"按钮,会跳出一个矩形页面,根据需要的背景设置日光等参数,最后渲染。渲染完成以后保存到项目中,并导出图像,如图 10-15 所示。

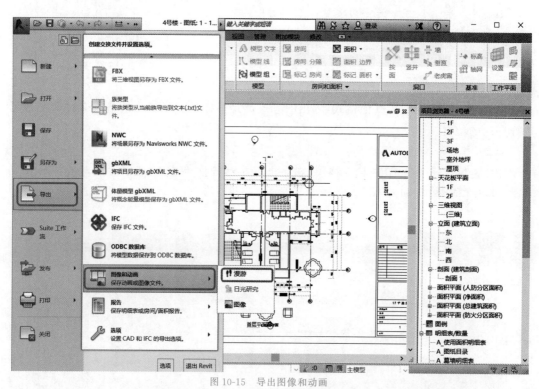

图 10-15　导出图像和动画

4.在弹出的"导出图像"对话框中可对图像进行设置,如图 10-16 所示。

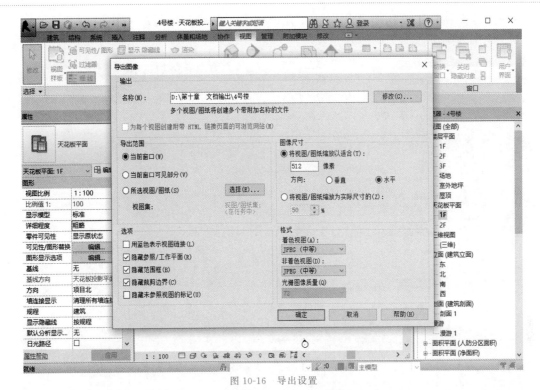

图 10-16　导出设置

5.导出漫游需要在项目中创建一个漫游,在导出时,弹出"长度/格式"对话框,可对导出的帧、导出视觉样式等进行设置。勾选"包含时间和日期戳",将会在视频中添加时间和日期水印,如图 10-17 所示。导出视觉样式影响到导出视频的显示效果,越真实效果越好。帧数影响视频的流畅程度,帧数越多,越流畅,视频质量越高,渲染的时间也越长。渲染过程中不能中断。

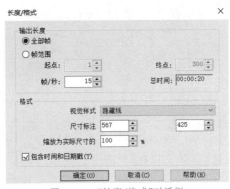

图 10-17　"长度/格式"对话框

10.2.3　导出明细表

明细表有两种导出方式,一种是将明细表拖曳至图纸中,和图纸一起导出为 DWG 格式或打印为 PDF 格式,另一种是通过应用程序菜单中的导出报告功能进行导出。

1.第一种导出方式可参照图纸导出的内容,本章以门窗明细表为例,讲解报告导出的方法。单击左上角的"文件"—"导出"—"报告"—"明细表" ▤明细表 按钮,导出明细表。尤其注意导出明细表时需打开明细表,否则在导出明细表时会显示灰色,无法导出,需新建或复制一个新的明细表类型,如图10-18所示。

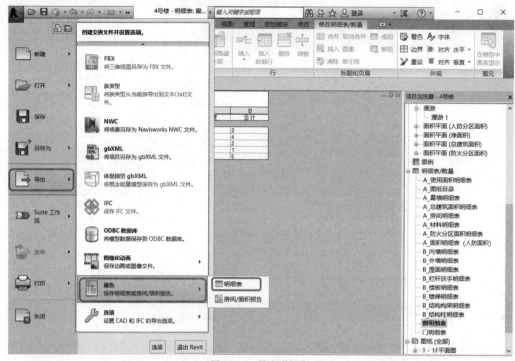

图10-18　导出明细表

2.Revit 导出的明细表为"txt"文本格式,可将文本复制到 Excel 表格中,转换为表格格式,如图10-19所示。

门明细表

类型	宽度	高度	合计
BM0922	900	2200	5
FGM甲13:	1300	2200	1
fm0721	700	2100	2
FM丙1021	1000	2100	3
FMZ乙1022	1000	2200	1
FMZ乙1322	1300	2200	2
FMZ乙1322	1300	2200	3
M1022	1000	2200	1
M1322	1300	2200	5
MLC2433	2400	3300	2
MLC2733	2700	3300	6

图10-19　表格格式

10.2.4　图纸打印

Revit 可将项目中的图纸进行打印。安装了 PDF 软件与虚拟打印机后,选择软件左上角的文件"打印",设置与图框所匹配的纸张的尺寸,根据需求设置打印图纸的方向为纵向或横向。

在弹出的"打印"对话框设置打印机,在"文件"位置勾选"将多个所选视图/图纸合并到一个文件",并设置保存位置。在"打印范围"选择需要打印的内容。如图10-20、图10-21所示。

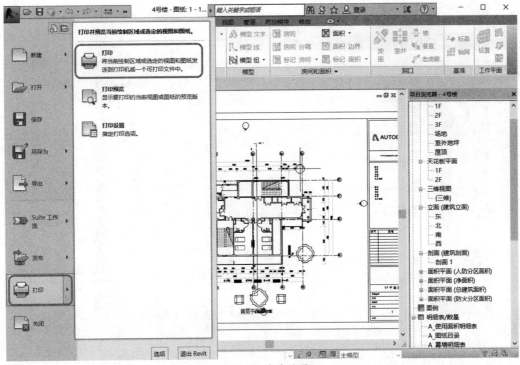

图 10-20 打印选项

图 10-21 打印设置

10.3 案例讲解与训练

本节知识点

10.3.1 导出 DWG 格式图纸

1.启用 Revit,打开"疗养院 4 号楼"项目文件,双击"项目浏览器"中新建的图纸,单击"文件"—"导出"—"CAD 格式"—"DWG"选项,如图 10-22 所示。

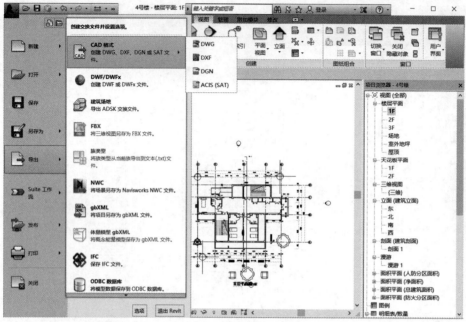

图 10-22　导出 DWG 格式

2.弹出修改"DWG 导出设置"对话框,进行设置。可以对图纸的层、线、填充图案、文字和字体、颜色、实体、单位和坐标等参数按照工程实际情况结合自身的需求进行设置,设置完成后单击"确定"按钮,如图 10-23 所示。

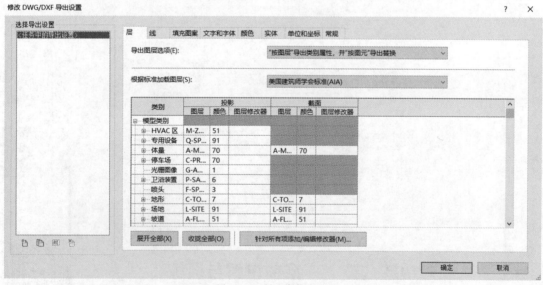

图 10-23　导出参数设置

3.选择 CAD 版本。Revit2016 中提供了 Auto CAD2007、Auto CAD2010 和 Auto CAD2013 版本,可以根据设备的配置情况进行选择,本例选用 Auto CAD2013 版本,选好版本以后,选择需要保存的位置进行保存,导出 CAD 图纸,如图 10-24、图 10-25 所示。

图 10-24　选择 CAD 版本

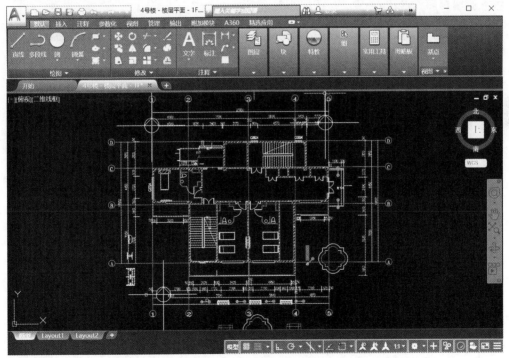

图 10-25　导出 CAD 图纸

注意:

本例结合了 9.4 节图纸的创建和 10.1 节导出 DWG 文件,要先创建图纸再导出图纸,本例为 1F 平面图的导出,大家可以将其他图纸作为练习进行导出。

10.3.2　导出 NWC 格式

1.在导出选项中选择 NWC 格式进行导出,如图 10-26 所示。

图 10-26　选择 NWC 格式

2.单击"保存"按钮,进行保存,即保存为 NWC 格式文件。

3.用已经安装的 Navisworks 将保存好的 NWC 格式的文件打开,后续可按需进行进度模拟和碰撞检验等操作,如图 10-27 所示。

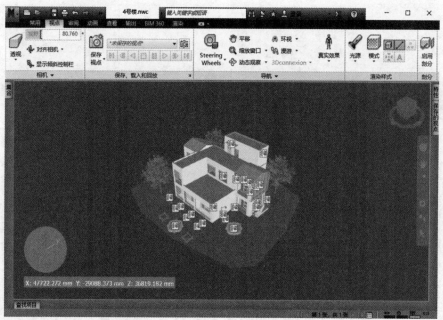

图 10-27　打开 NWC 格式文件

10.3.3　导出 Revit 动画

1.单击"视图"—"三维视图"—"漫游",选项,如图 10-28 所示。

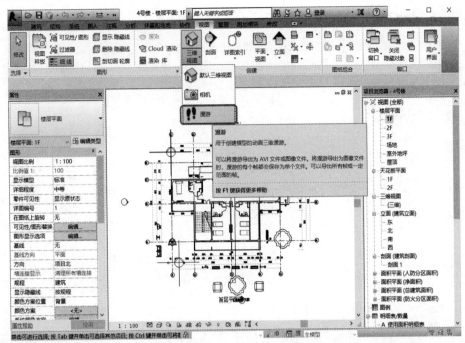

图 10-28 选择"漫游"选项

2.单击"漫游",绘制需要的路径,每单击一次代表一个关键帧,如图 10-29 所示。

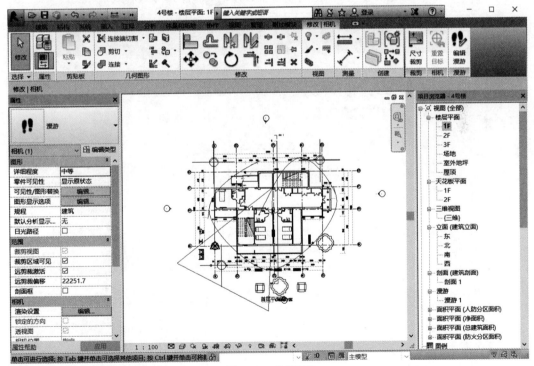

图 10-29 绘制路径

3.单击"编辑漫游",通过下一关键帧选项对关键帧进行调整,根据工程情况选择可视部分,三角形区域即为可视区域,如图 10-30 所示。

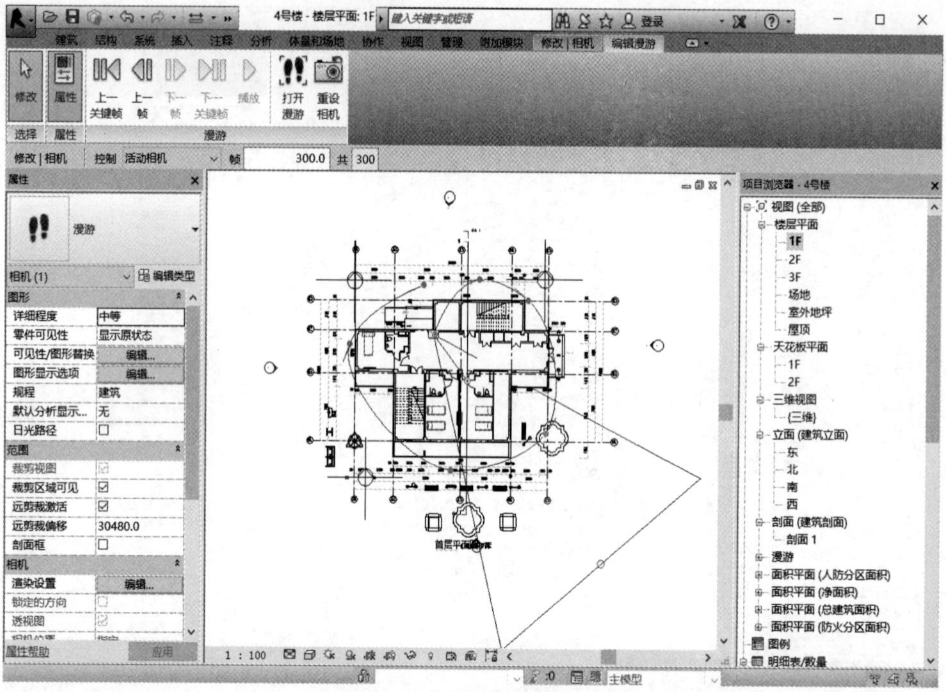

图 10-30　调整关键帧

4.单击“播放”按钮进行预览，预览完成后生成漫游，如图 10-31 所示。

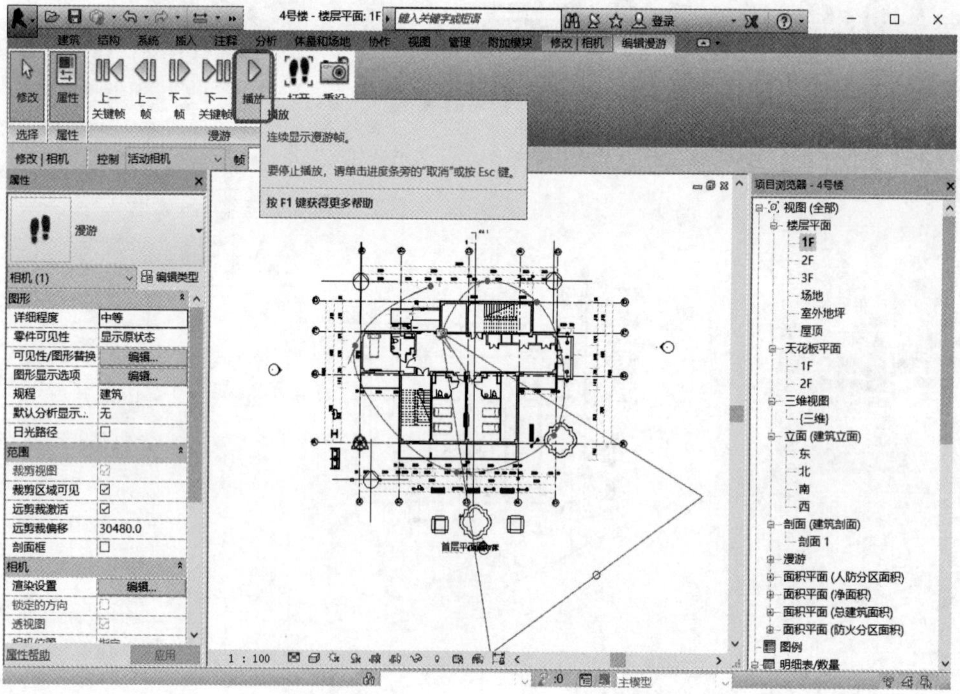

图 10-31　预览

5.在“项目浏览器”中选择“漫游”—“漫游 1”按钮，双击查看，如图 10-32 所示。

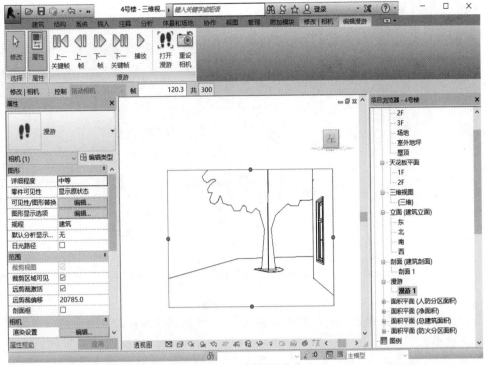

图 10-32 查看漫游

6.单击"文件"—"导出"—"图像与动画"—"漫游"选项,如图 10-33 所示。

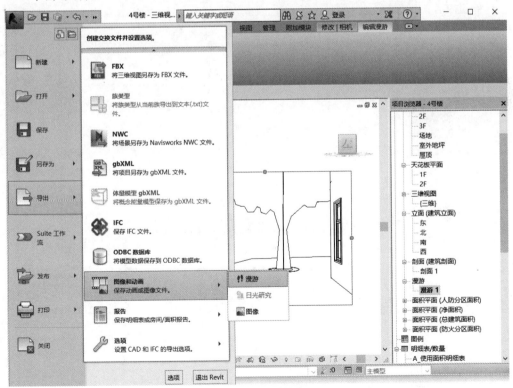

图 10-33 漫游导出

7.设置参数,如图 10-34 所示。

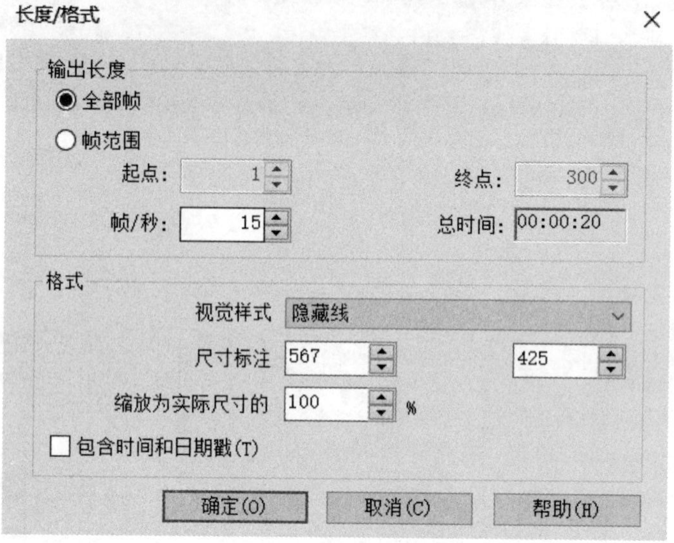

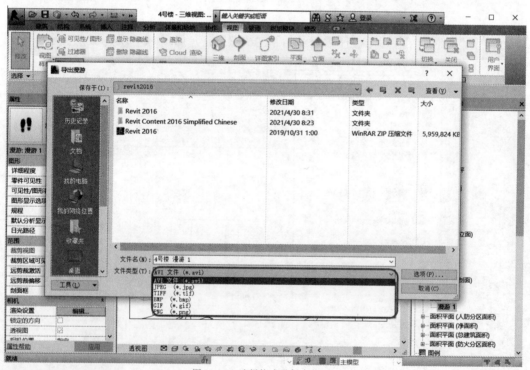

图 10-34　设置参数

8.设置好参数以后单击"确定"按钮,选择好文件的格式和保存的位置进行保存即可,如图 10-35 所示。

图 10-35　选择格式及保存位置

10.3.4　明细表

1.双击项目浏览器中的"窗明细表",如图 10-36、图 10-37 所示。

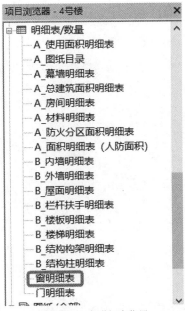

图 10-36　窗明细表位置

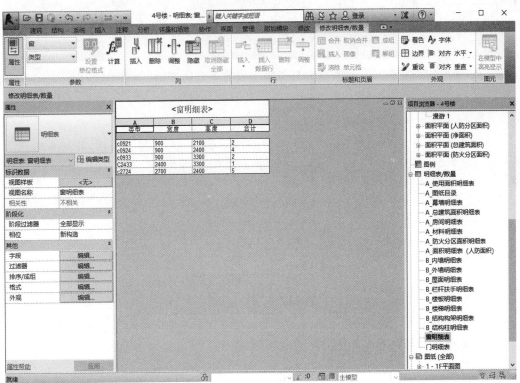

图 10-37　窗明细表

2.单击"文件"—"导出"—"报告"—"明细表"选项,如图 10-38 所示。

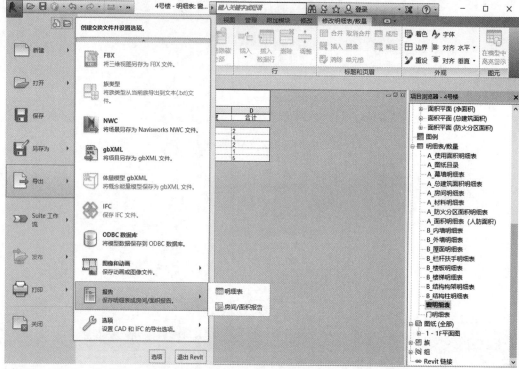

图 10-38　导出明细表

3.在"导出明细表"对话框中，根据自身需求设置参数后导出，如图 10-39 所示。

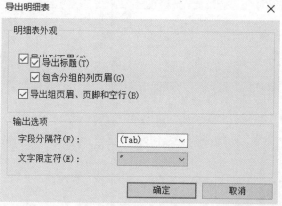

图 10-39　明细表参数设置

4.导出的文本为 TXT 格式，由于 Revit 不支持导出 Excel 格式的文件，因此需按实际需要将明细表内容复制到 Excel 中。

第 11 章

构件族

【本章重点】

（1）族样板、族构件的创建

（2）族的分类与参照类型

思政目标

【教学目标】

了解族与族样板，认识族的分类及原理，掌握族构件的创建，族的形体创建与保存，掌握在项目中载入族文件。掌握使用"拉伸""融合""放样"命令创建族形状；掌握"族类别""族原点"的设置方法；掌握"族"的"可见性及详细程度"设置方法。

上一章已经学习了 Revit 建模的流程和文件多形式的输出，本章将介绍有关族的内容。族是项目的基础，不论模型图元还是注释图元，均由各种族及其构件构成，在设计过程中常常要自定义各种族，以满足设计的要求。

11.1 ⟩ 族概念与族样板

本节知识点

11.1.1 族概念

在 Revit 中，族（family）是构成项目的基本元素。同一个族能够定义为多种不同的类型，每种类型可以具有不同的尺寸、材质或其他参数变量，通过族编辑器，就可以创建参数化构件。基于族样板可为图元添加各种参数，如距离、材质、可见性等。

族是制约 BIM 发展的一大瓶颈,使用时经常需要软件自带的标准构件,同时在 Revit 建模时,不同项目对族的要求不同,掌握族的创建方法有助于对项目进行精细化设计。

11.1.2　族样板

1.打开 Revit 软件,单击"族"—"新建"选项打开"新族-选择样板文件"对话框,如图 11-1 所示。

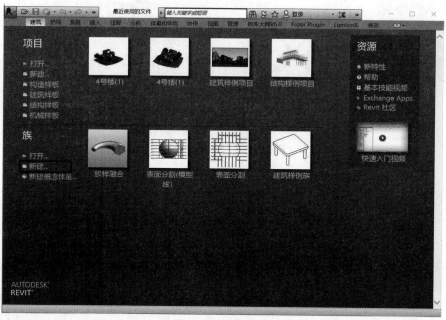

图 11-1　"新建"选项

2.在 Revit 中新建族与新建项目一样,均需基于样板来进行创作,族样板是创建族的初始状态,选择合适的样板会极大提升创建族的效率,如图 11-2 所示。

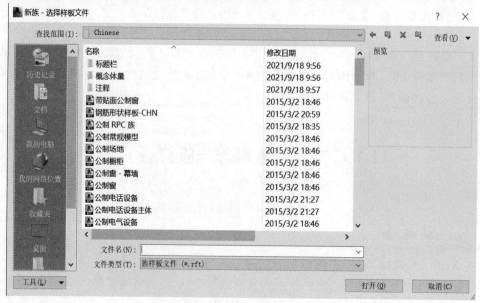

图 11-2　选择族样板文件

11.1.3 族样板分类

1.标题栏类

标题栏族样板主要用于创建图框,包含 A0、A1、A2、A3、A4 五种图幅的图框尺寸,可以基于此类样板创建自定义的图纸图框。

2.注释类

注释类族样板主要用于创建平面标注的标签符号图元,例如构件标记、详图符号等。

3.三维构件类

(1)常规三维构件

常规三维构件族样板用于创建相对独立的构件类型,例如公制常规模型、公制家具、公制结构柱等。

(2)基于主体的三维构件

基于主体的三维构件族主要用于创建有约束关系的构件类型。主体包含墙、楼板、天花板等,例如公制门、公制窗均是基于墙进行创建。

4.特殊构件类

(1)自适应构件

自适应族样板提供了一个更自由的建模方式,创建的图元可根据附着的主体生成不同的实例,例如不规则的幕墙嵌板可采用自适应构件进行创建。

(2)RPC 族

RPC 族样板可将二维平面图元与渲染的图片结合,生成虚拟的三维模型,模型形式状态与视图的显示状态有关,如图 11-3 所示。

图 11-3　选择 RPC 族样板文件

11.2　创建族构件

本节知识点

11.2.1　族构件创建种类

Revit 提供多种创建实心形状的方式,分别为拉伸、融合、旋转、放样、放样融合。配合这几种基本工具可创建出复杂的族类型,本节主要介绍这五种创建模型的基本方法,如图11-4 所示。

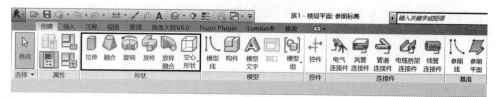

图 11-4　创建实心、空心形状的方式

11.2.2　拉伸

拉伸可以基于平面内的闭合轮廓沿垂直于该平面方向创建几何形状,确定几何形状的要素包括拉伸起点、拉伸终点、拉伸轮廓、基准平面。

1.单击"新建"—"公制常规模型",切换至"参照标高"平面,单击"创建"—"形状"—"拉伸" 按钮,再单击"修改 | 创建拉伸"选项卡选择适当的工具绘制轮廓,如图 11-5 所示。

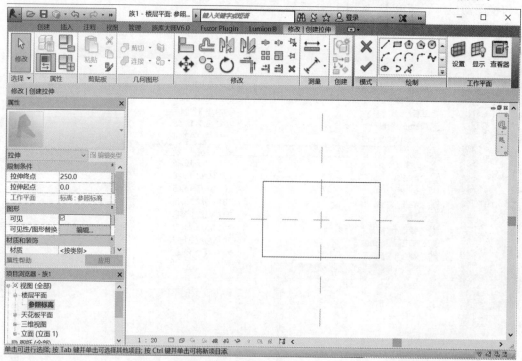

图 11-5　绘制轮廓

2.在左侧属性栏中设置好拉伸起点和拉伸终点,单击"修改 | 创建拉伸"—"模式"—"完

成编辑模式"✔️按钮完成拉伸,切换到三维视图中查看模型,如图 11-6 所示。

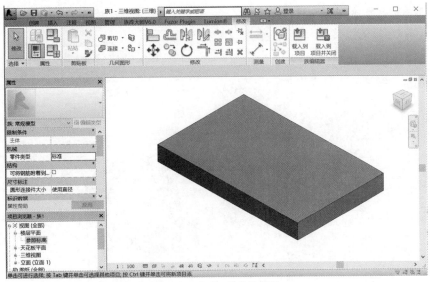

图 11-6 查看三维拉伸模型

11.2.3 融合、放样与放样融合

1.融合

融合是在两个平行的平面分别创建不同的封闭轮廓,融合形成三维模型。

(1)切换至"参照标高"平面,单击"创建"—"形状"—"融合" 按钮,再单击"修改|创建融合底部边界"选项卡,选择适当的绘制命令绘制底部轮廓,绘制完成后单击"修改|创建融合底部边界"—"模式"—"编辑顶部"按钮绘制顶部轮廓,如图 11-7 所示。

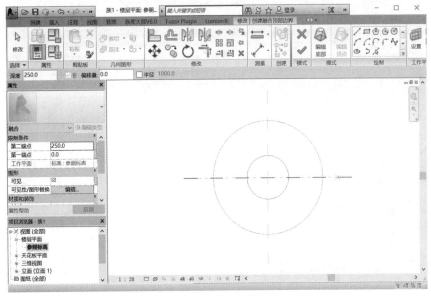

图 11-7 绘制轮廓

(2)在属性栏修改第二端点(顶部轮廓)和第一端点(底部轮廓),单击"修改|创建融合顶部边界"—"模式"—"完成编辑模式"✔️按钮完成融合,切换到三维视图中查看模型,如图

11-8 所示。

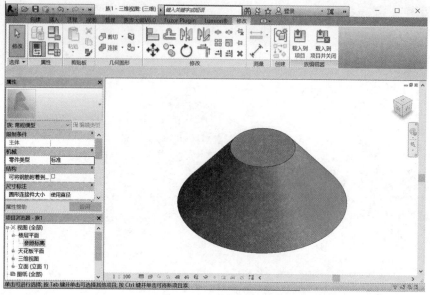

图 11-8　查看融合模型

2.放样

放样的建模方式是通过闭合的平面轮廓按照连续的放样路径生成三维模型。

(1)切换至"参照标高"平面,单击"创建"—"形状"—"放样" 按钮,再单击"修改|放样"选项卡选择适当的方式绘制底部轮廓,此选项卡中提供了两种路径创建方式:绘制路径和拾取路径,绘制路径主要用于创建二维路径,拾取路径可基于已有图元创建三维路径。选择绘制路径,在"修改|放样>绘制路径"—"绘制"选项卡中选择适当工具进行路径绘制,绘制完成后单击"完成编辑模式"按钮,完成路径创建,如图 11-9 所示。

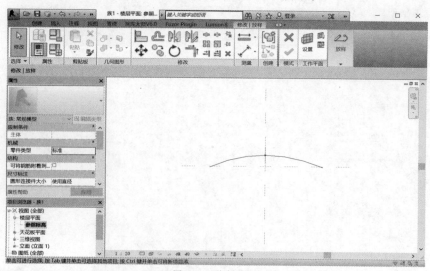

图 11-9　绘制路径

(2)此时编辑轮廓为高亮显示,单击"编辑轮廓"按钮,弹出"转到视图"对话框,选择"三维视图:视图 1",单击"打开视图"按钮,如图 11-10 所示。

图 11-10 转到三维视图绘制轮廓

（3）基于放样中心点绘制放样轮廓，单击"完成编辑模式"按钮完成轮廓绘制，再次单击"完成编辑模式"按钮完成放样，切换到三维视图中查看模型，如图 11-11 所示。

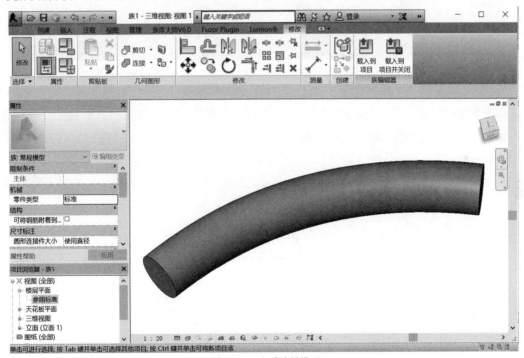

图 11-11 查看放样模型

3.放样融合

放样融合结合了放样与融合，可以将两个不在同一平面的形状按照指定的路径生成三维模型。

（1）切换至"参照标高"平面，单击"创建"—"形状"—"放样融合" 按钮，在"修改|放样融合"选项卡中可以看到绘制路径、选择轮廓 1、选择轮廓 2 等选项，依次创建路径、起点轮廓、终点轮廓。单击"绘制路径"选项，选择相应工具进行路径绘制，路径绘制完成后，单击

"完成编辑模式"按钮完成路径绘制,如图 11-12 所示。

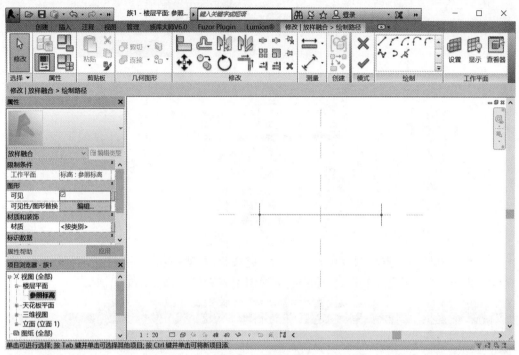

图 11-12   绘制路径

(2)单击"修改|放样融合"—"放样融合"—"选择轮廓 1" 选择轮廓1 按钮和"编辑轮廓" 编辑轮廓 按钮后弹出"转到视图"对话框,单击该对话框的"立面:左"—"打开视图"按钮,选择相应工具绘制轮廓后,单击"完成编辑模式"按钮完成轮廓 1 的绘制,如图 11-13 所示。

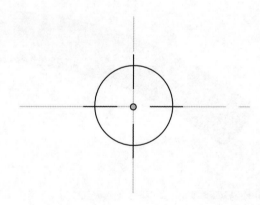

图 11-13   绘制轮廓 1

(3)单击"修改|放样融合"—"放样融合"—"选择轮廓 2" 选择轮廓2 按钮和"编辑轮廓" 编辑轮廓 按钮后弹出"转到视图"对话框,单击该对话框的"立面:右"—"打开视图"按钮,选择相应工具绘制轮廓后,单击"完成编辑模式"按钮完成轮廓 2 的绘制,如图 11-14 所示。

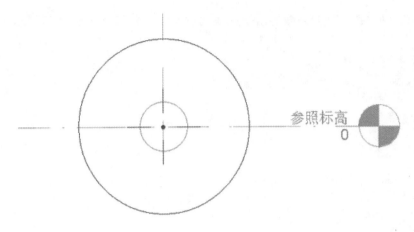

图 11-14　绘制轮廓 2

（4）再次单击"完成编辑模式"按钮完成放样融合绘制，切换到三维视图中查看模型，如图 11-15 所示。

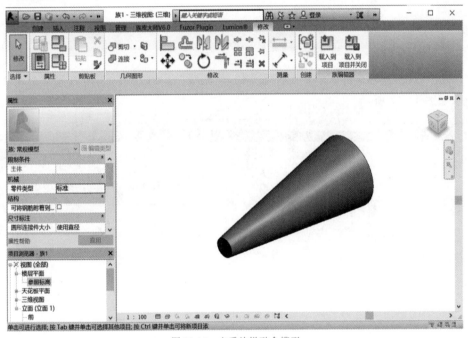

图 11-15　查看放样融合模型

11.2.4　旋 转

旋转工具可使闭合轮廓绕旋转轴旋转一定角度生成三维模型。旋转的要素主要为旋转轴和旋转边界。

1.切换至"前"立面视图，单击"创建"—"形状"—"旋转"按钮，再单击"修改|创建旋转"选项卡—"绘制"—"边界线"边界线按钮，选择右侧适当的工具绘制边界线，如图 11-16 所示。

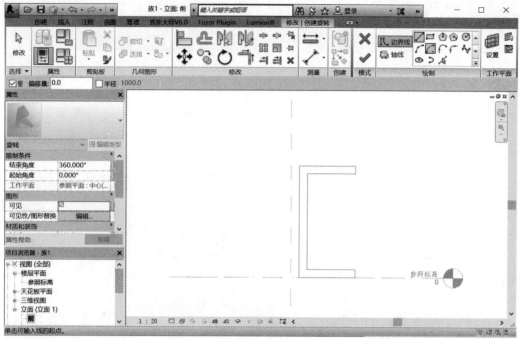

图 11-16　绘制边界线

2.单击"修改|创建旋转"选项卡—"绘制"—"轴线" <kbd>轴线</kbd>按钮,选择右侧适当的工具绘制轴线,如图 11-17 所示。

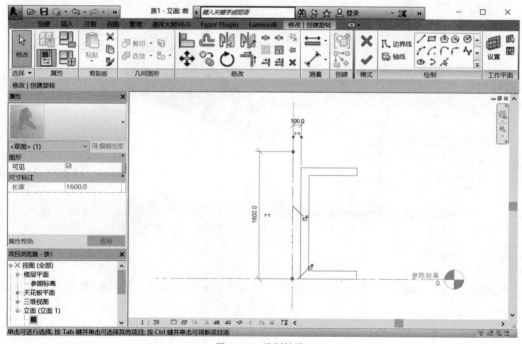

图 11-17　绘制轴线

3.单击"完成编辑模式"按钮完成旋转绘制,切换到三维视图中查看模型,如图 11-18 所示。

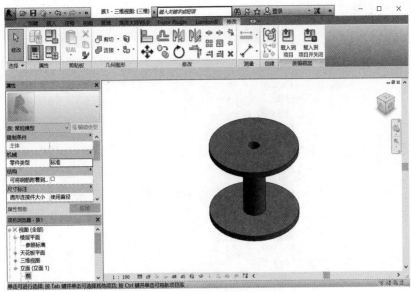

图 11-18　查看旋转模型

注意：单击模型后，可在左侧属性中设置各种限制条件，比如结束角度、起始角度等进行进一步设置。

11.2.5　空心形状

1.创建空心形状

除了创建实心形状，Revit 还提供了五种空心形状的创建工具，创建方法与实心类似，不再赘述，如图 11-19 所示。

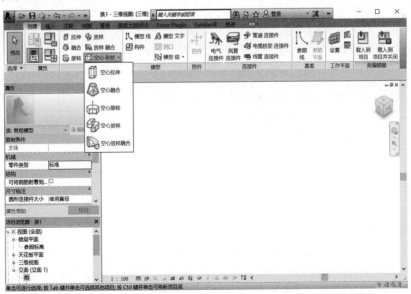

图 11-19　空心形状的创建工具

2.实心形状转换成空心形状

可以直接创建空心形状，也可以先创建实心形状再转变为空心形状。首先创建一个实心模型，单击该实心模型，在属性栏的"标识数据"中将"实心/空心"切换为"空心"，实心模型就可以转变为空心模型,如图 11-20 所示。

图 11-20 实心形状转换成空心形状

11.3 族分类、参照类型与参数

11.3.1 族分类

1.按使用方法不同分类

按照族的使用方法不同分为系统族、可载入族以及内建族三个类别,如表 11-1 所示。

表 11-1　　　　　　　　　　按族使用方法不同的族分类

族类别	创建方式	传递方法	示例
系统族	样板自带,不能新建	可在项目间传递	墙族:基本墙、叠层墙、幕墙、楼板、天花板、屋顶
可载入族	基于族样板创建	通过构件库载入	门、窗、柱、基础
内建族	在当前项目中创建	仅限当前项目使用	当前项目特有的异性构件

(1)系统族是 Revit 项目样板中定义的族,不同样板的系统族有所不同。例如,建筑样板中墙体的系统族包含基本墙、叠层墙和幕墙三个类别。在建模时可以复制和修改现有系统族,但不能创建新的系统族。

(2)可载入族是构件库图元,在不同项目样板中包含不同的构件,例如在建筑样板中默认载入了门、窗、幕墙竖梃等图元,结构样板中默认载入了钢筋形状图元。建模时可以通过"载入族"将构件中的可载入族载入项目中使用,也可以基于族样板(Family Templates)进行创建,再载入族或项目中使用。

(3)内建族是在特定项目中使用的族,只能通过单击"建筑"—"构建"—"构件"工具下拉菜单中的"内建模型"选项进行创建,不能在其他项目中进行使用,如图 11-21 所示。

图 11-21　内建模型的创建

注意：内建族常用于当前项目特有图元的建模，例如室外台阶、散水、集水坑等。内建族的创建方式与外建族的方式相似，本章将以外建族的创建方式来进行讲解。

2.按图元特性不同分类

按照图元特性分为模型类、基准类、视图类三个类别。模型类主要是指三维构件族，例如常见的墙、门、窗、楼梯、屋顶等；基准类主要是指用于定位的图元，包括轴网、标高、参照线等；视图类是指在特定视图使用的一些二维图元，例如文字注释、尺寸标注、详图线、填充图案等。

11.3.2　几何参数

几何参数主要用于控制构件的几何尺寸，一般包含长度、半径、角度等，几何参数可通过尺寸标签添加或通过函数公式计算。

【方法一】 1.新建一个基于"公制常规模型"的族，单击"创建"—"基准"—"参照平面"选项添加参照平面，再单击"注释"选项卡—"对齐"按钮工具进行尺寸标注，如图 11-22 所示。

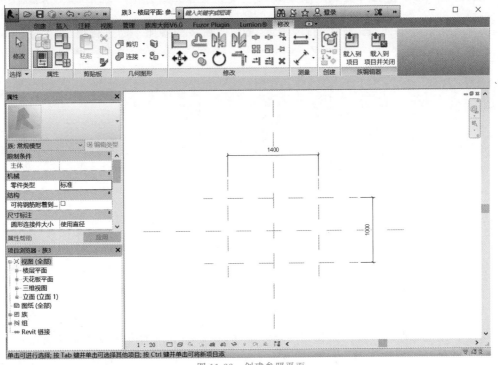

图 11-22　创建参照平面

2.单击"创建"—"拉伸"—"绘制"—"矩形"工具按钮，按照参照平面所围形状进行绘制，如图 11-23 所示。

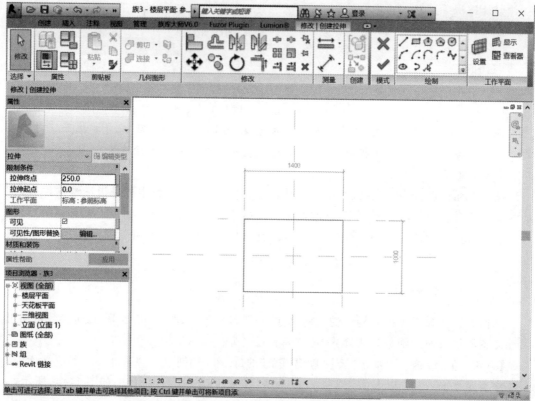

图 11-23　创建拉伸模型轮廓

3.将拉伸轮廓的四条边依次通过"锁定"按钮与所在的参照平面进行锁定,生成拉伸模型,如图 11-24 所示。

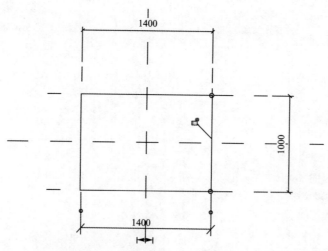

图 11-24　将轮廓的边锁定到参照平面

4.单击刚刚绘制的长度为"1400"的尺寸标注,在标签下拉框中选择添加参数按钮。设置该参数名称为"长度"后,单击"确定"按钮。同种方法将另一条尺寸标注设置为"宽度",如图 11-25、图 11-26 所示。

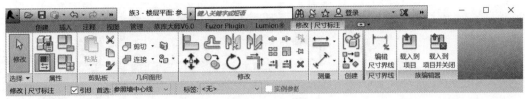

图 11-25　添加参数

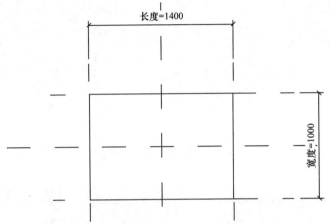

图 11-26　添加参数后的尺寸标注效果

5.单击"修改"—"属性"—"族类型"按钮，可在"族类型"对话框中看到"长度"和"宽度"两组族参数，此时可填写相应数值。单击"应用"按钮，改变拉伸图形的长度和宽度，如图 11-27 所示。

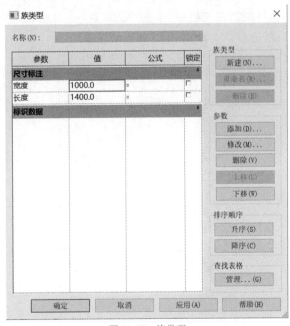

图 11-27　族类型

【方法二】1.新建一个基于"公制常规模型"的族，在确定图像尺寸后，单击"创建"—"拉伸"—"绘制"—"拾取线"工具按钮，进行创建图形，再单击"修改|创建拉伸"—"修改"—"修建/延伸为角"工具按钮进行修改，如图 11-28 所示。

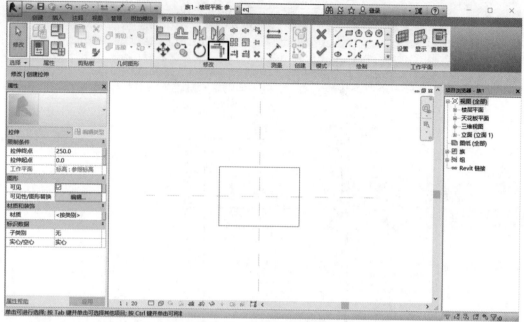

图 11-28　创建拉伸模型轮廓

2.在属性栏的"限制条件"中修改"拉伸起点"和"拉伸终点",以此确定模型高度。

11.3.3 材质参数

1.添加材质参数后,可对族赋予不同的材质,材质参数的添加方式与尺寸参数添加方式相同,首先选择需要添加材质的几何模型,单击"属性"栏—"材质和装饰"—"关联族参数"按钮,再单击"添加参数",新建材质参数,如图 11-29 所示。

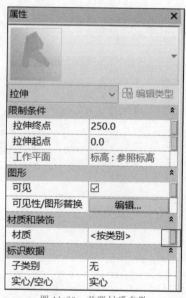

图 11-29　关联材质参数

2.设置材质名称为"模型材质",参数类型为"类型",参数分组方式为"材质和装饰",单击"确定"按钮,完成材质参数的添加,如图 11-30 所示。

图 11-30　参数属性

3.单击"修改|创建拉伸"—"属性"—"族类型"工具按钮,在"材质和装饰"栏中单击省略号工具"…"按钮,在材质浏览器中选择"玻璃"材质后,单击"确定"按钮,完成材质添加,如图 11-31 所示。

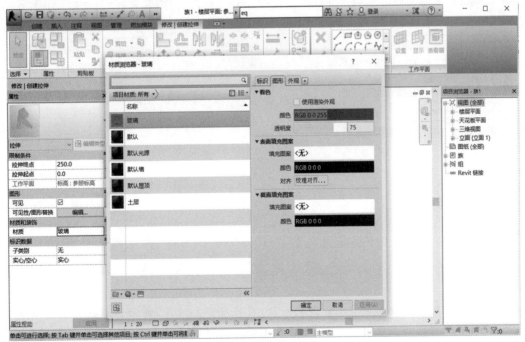

图 11-31 修改模型材质

4.单击"完成编辑模式"按钮完成拉伸绘制,切换到三维视图中查看模型,如图 11-32 所示。

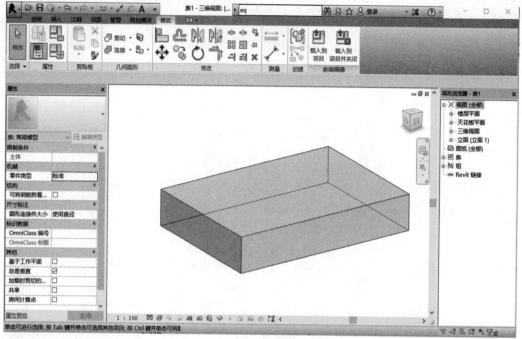

图 11-32　修改完成

11.3.4　其他参数

　　其他参数种类多,按规程分为公共、结构、HAVC、电气、管道、能量等,不同的规程下又包含多种参数类型。在族类型对话框中单击"添加"按钮进入"参数属性"对话框添加新的参数,如图 11-33、图 11-34 所示。

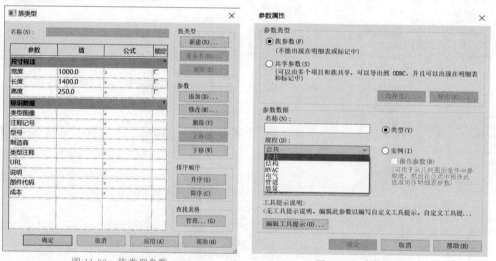

图 11-33　族类型参数　　　　　　　　　　图 11-34　参数属性设置

　　注意:参数的添加方法与前面讲解的一致,在这里需要注意,前面讲解的是类型参数的添加,同样可以对实例参数进行添加,在使用时根据实际情况进行选择。以窗为例,实例参数在项目中显示在属性列表中,修改实例参数只会修改当前选中的窗的参数值,例如窗的底高度、顶高度等。类型参数需要通过属性栏的"编辑类型"进入类型属性对话框进行编辑,例如尺寸、材质等。

第 12 章

概念体量的创建与应用

本章重点和教学目标

【本章重点】

(1)体量的概念与应用场景

(2)体量的生成与创建

(3)体量模型转化实体构件

思政目标

【教学目标】

认识体量,了解内建体量和可载入体量,掌握体量和参数化族的区别,掌握体量形状的创建与生成,能够将体量模型转化为实体构件。掌握使用非闭合轮廓线创建表面形状,使用拉伸、融合、放样和旋转以闭合轮廓线创建实体形状;掌握使用"修改""模型"将载入项目的体量模型进行修改调整;掌握使用"体量和场地""面模型"从实例中创建楼板、墙、屋顶和幕墙。

上一章已经了解了族主要是对一些构件的参数化设计,本章将引入一个新的概念——体量。在项目的设计初期,建筑师通过草图来表达自己的设计意图,Revit 的体量提供了一个更灵活的设计环境,具有更强大的参数化造型功能,在一定程度上满足了复杂异型建筑的建模需求。

本节知识点

12.1 概念体量与应用场景

12.1.1 体量概念

概念体量在 Revit 中也叫概念设计,概念设计环境是一种族编辑器,主要应用于建筑概念以及方案设计阶段,通过这种环境,用户可以直接操作设计中的点、线和面,形成可构建的形状。在其中,可以使用内建的和可载入的体量族来创建。

12.1.2 内建体量与可载入体量

1.内建体量

(1)内建体量是在项目中创建体量。在项目中单击"体量和场地"选项卡—"概念体量"—"内建体量"按钮,如图 12-1 所示。弹出"体量-显示体量以启用"对话框,单击"关闭"按钮后弹出"体量名称"对话框,重命名为"体量"后单击"确定"按钮。

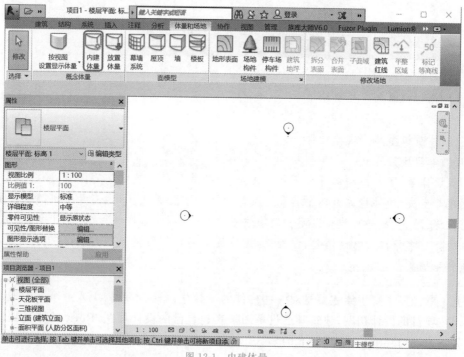

图 12-1　内建体量

(2)单击"创建"面板—"在位编辑器"—"完成体量"按钮,完成体量创建,或单击"取消体量"按钮取消体量创建,如图 12-2 所示。

图 12-2 完成体量创建或取消体量创建

2.可载入体量

(1)可载入体量与可载入族的创建方法类似,需基于概念体量样板来创建。单击软件左上角"文件" 按钮,在弹出的菜单中单击"新建"—"概念体量"选项,如图 12-3 所示。

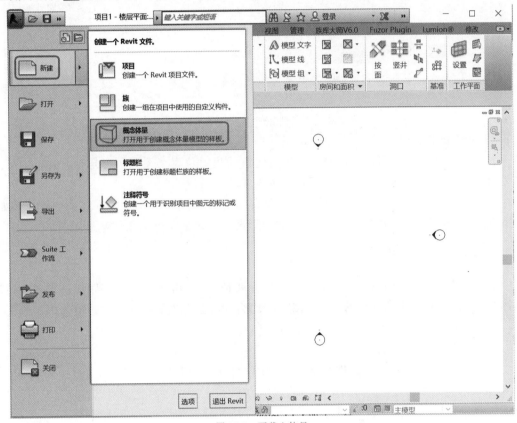

图 12-3 可载入体量

(2)在弹出的"新概念体量-选择样板文件"对话框中选择"概念体量"样板,如图 12-4 所示,体量样板的格式为.rft,单击"打开"按钮进入体量编辑器界面。

3.内建体量和可载入体量的区别

两种创建体量形状的方式一致,但在使用时有一定的区别,主要体现在以下两个方面。

(1)使用方式不同

内建体量是直接在项目中创建,只能在当前项目中使用;可载入体量为单独创建,通过"载入族"插入项目中,然后通过"放置体量"来放置体量。

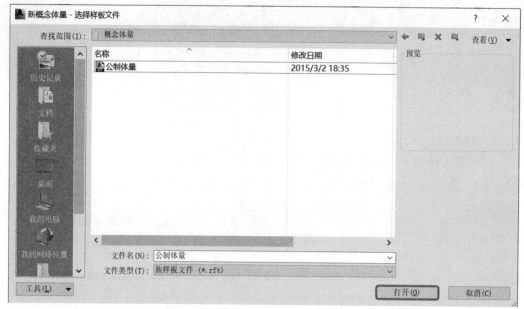

图 12-4　选择概念体量的样板文件

（2）操作的便捷性

内建体量可基于项目的标高轴网或拟建建筑的相对位置关系来进行定位；可载入体量需在体量编辑器中新建标高、参照平面、参照线来进行定位。

在实际使用时，多个具有相对位置关系的体量建议采用内建体量的方式来创建。例如做场地规划；单个独立的体量设计或复杂的异形设计建议采用可载入体量来创建。

4.体量和参数化族的区别

（1）相同点

体量与族的创建方式相同，均为内建和外建两种方法；均需要基于族样板进行创建，样板的格式均为.rft；同时体量与族的文件格式，均为.rfa；二者添加参数的方式也基本相似。

（2）不同点

①数量级不同

在体量和族中分别绘制参照平面，可以发现，体量中绘制的尺寸比较大，而族尺寸较小。体量中采用的比例为1∶200，族中采用的比例为1∶10或1∶20（比例可以自定义）。所以，体量常用于较大模型的创建，如一栋建筑物，族常用于建筑构件的创建，如家具。

②创建形状的方式不同

族创建的工具主要为拉伸、放样、融合、旋转、放样融合以及对应的空心工具；体量创建为基于点、线、面创建实心或空心模型。族能创建的模型体量同样能够创建，并且体量能创建更为复杂的模型。

③默认参数不同

族样板提供的默认参数与族的类型有关；体量提供的参数为"默认高程"，并且当体量载入项目中后，会自动计算总表面积、总楼层面积以及总体积。

12.1.3　体量工作环境

双击桌面"Revit"打开软件,单击"新建概念体量"。默认位置是 Revit 安装时的库文件位置,进入工作环境后,视图默认为三维视图,当中展现的是以虚线方式显示的参照平面(包括前后和左右)和标高 1 的工作平面,如图 12-5 所示。

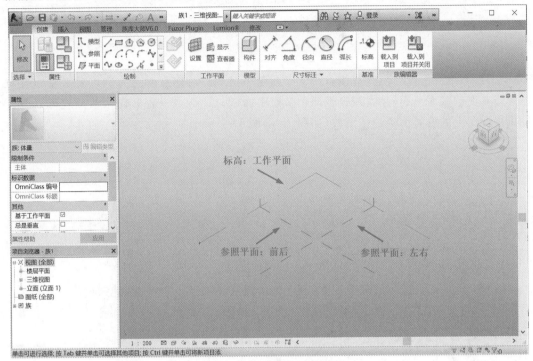

图 12-5　概念体量工作环境

12.2　　创建体量

本节知识点

12.2.1　创建体量形状

体量创建中的绘制面板与族编辑器界面有所不同,草图直接可以在工作平面上创建。体量环境中的绘制面板不仅出现在创建启动时,在模型修改时也会显示在修改面板中。绘制面板有三个工具集:线类型-模型线、参照线和参照平面;草图工具;工作平面,如图 12-6 所示。

图 12-6　创建工具

1.参照线

（1）参照线是体量中的基本图元。单击"修改|放置 参照线"选项卡—"绘制"面板—"参照"—"直线"按钮，可以创建参照直线，如图12-7所示。

图12-7　参照线工具

（2）参照线有起点、终点，直线自带4个参照平面（起点、终点垂直方向以及沿直线方向的两个正交的参照平面）。曲线自带两个参照平面（起点、终点垂直方向），参照线可以通过端点以及交点的控制手柄进行修改，如图12-8、图12-9所示。

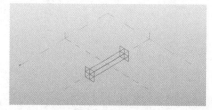

图12-8　参照直线

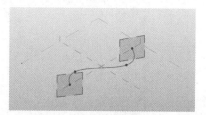

图12-9　参照曲线

2.参照点

（1）参照点分为自由点、基于主体的点、驱动点三种类型。单击"创建"选项卡—"绘制"面板—"参照"—"点图元"按钮，可以创建参照点，如图12-10所示。

图12-10　参照点工具

（2）自由点可在工作平面中自由放置；基于主体的点通过移动光标到参照主体（三维模型的边、模型线、参照线）；驱动点具有三个方向的驱动手柄，通过拖曳手柄可改变主体的形状，如图12-11所示。

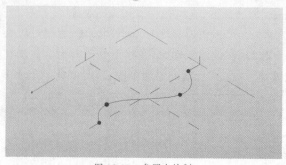

图12-11　参照点绘制

（3）基于主体的点自带一个与主体垂直的参照平面，可在平面上创建形状；当选中基于主体的点时，会弹出"修改|参照点"选项卡，在工具条中单击"生成驱动点"按钮可将基于主体的点转换为驱动点，如图 12-12 所示。

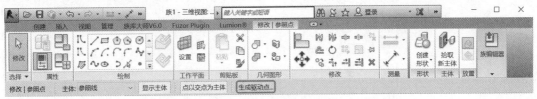

图 12-12　设置生成驱动点

3.模型线与实心形状

（1）模型线可基于工作平面绘制，也可以在几何模型的表面绘制。首先，单击"创建"选项卡—"工作平面"面板—"显示"按钮，将其切换为打开状态，单击"设置"按钮，设置需要绘制模型线的平面，如图 12-13 所示。

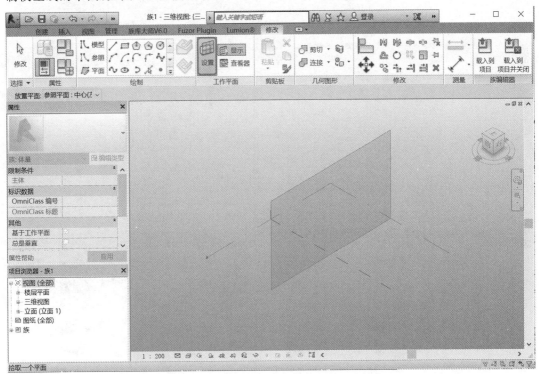

图 12-13　设置工作平面

（2）单击功能区的"修改"选项卡—"绘制"面板—"模型"按钮，在右侧框中选择适当的绘制工具创建模型线，如图 12-14 所示。

（3）重复上述步骤，在不同的平面上创建出不同形状的模型线，如图 12-15 所示。

（4）分别选中所创建的模型线，单击"修改|线"选项卡—"形状"面板—"创建形状"—"实心形状"按钮，即可分别创建一个简单的体量模型，如图 12-16 所示。

（5）在创建的几何模型边界添加一个点图元，并在如图 12-17 所示的参照平面上绘制模型线，选中模型线与几何模型的边界轮廓，单击"创建形状"按钮，完成的体量形状。

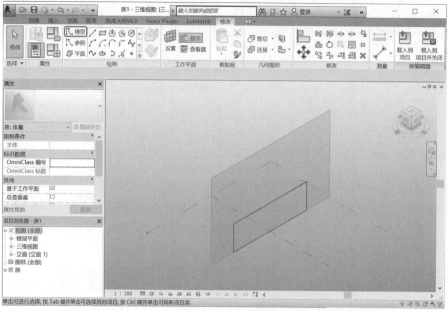

图 12-14　在平面上创建模型线

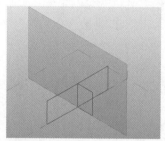

图 12-15　在平面上创建模型线

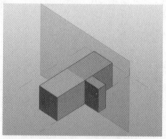

图 12-16　生成体量模型

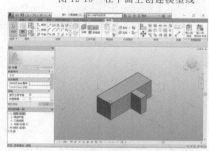

第一步

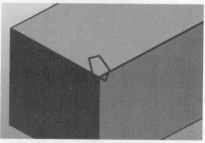

第二步

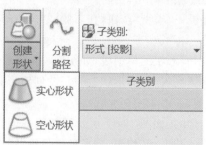

第三步

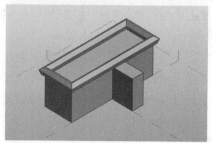

第四步

图 12-17　通过添加点的方式生成实心模型

4.空心形状

除了创建实心形状,还可以创建空心形状。首先和实心形状一样,设置该模型表面为参照平面,并在此表面创建模型线,选中模型线,在"创建形状"下拉列表中单击"空心形状",即可创建空心形状,同时还可使空心形状对实心形状进行剪切形成空洞口,如图 12-18 所示。

第一步　　　　　　　　　第二步　　　　　　　　　第三步

图 12-18　在实心形状中创建空心形状

12.2.2　创建体量方式

在创建体量时,非闭合轮廓线可以创建表面形状,闭合轮廓线可以创建立体形状。其中,闭合轮廓线有 5 种常见的创建方式,分别是:拉伸、旋转、融合、放样和放样融合。体量工具与族编辑器造型工具类似,都有一定的造型合理性要求。体量造型工具并不显示在菜单上,从轮廓到创建构件过程是自动识别的,Revit 会根据草图表述关系自动选择 5 种造型方式中的一种进行造型构建。

1.表面形状:表面要基于开放的线或者边(非闭合轮廓)创建。首先用模型线创建一条非闭合轮廓线,选中该模型线,单击"修改|线"选项卡—"创建形状"面板—"实心形状"按钮,即可创建表面形状,如图 12-19 所示。

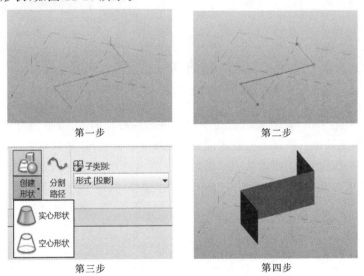

第一步　　　　　　　　　　　　　第二步

第三步　　　　　　　　　　　　　第四步

图 12-19　非闭合轮廓线创建表面形状过程

2.拉伸:拉伸是体量环境中最基本的造型方法。首先用模型线绘制一个单一的封闭轮廓。选中该轮廓,单击"修改|线"选项卡—"创建形状"面板—"实心形状"按钮,所选择的轮廓将会按照默认的高度拉伸成为形体,可进一步通过拖曳第四步中出现的 3D 控制箭头调整尺寸,如图 12-20 所示。

| 第一步 | 第二步 | 第三步 | 第四步 |

图 12-20　拉伸

3.旋转:旋转形状是在同一工作平面内通过控制轮廓围绕一根旋转中心轴旋转后形成模型的方法。旋转轴可以是模型线或参照线,但轮廓和旋转轴必须处于同一工作平面才可以成型。首先用模型线在同一平面内分别绘制一条闭合轮廓线和一条旋转轴,同时选中轮廓线和旋转轴,单击"修改|线"选项卡—"创建形状"面板—"实心形状"按钮,如图 12-21 所示。

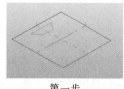   

| 第一步 | 第二步 | 第三步 | 第四步 |

图 12-21　旋转

4.融合:处于不同的标高上的草图轮廓可以用来创建融合形体,在三个不同标高处分别绘制三个形状,选择所有创建的轮廓形状,单击"修改|线"选项卡—"创建形状"面板—"实心形状"按钮,所有轮廓将组合并创建相应形状,如图 12-22 所示。

| 第一步 | 第二步 | 第三步 | 第四步 |

图 12-22　融合

5.放样:放样是由单个面轮廓沿着一条路径进行的形状创建,该创建过程由路径和在路径上的放置点图元开始。路径和点设置完成后,选择一个点,基于该点产生一个工作平面,在该工作平面上绘制封闭的或开放的草图轮廓。同时选中所绘制的草图轮廓和路径,单击"修改|线"选项卡—"创建形状"面板—"实心形状"按钮,如图 12-23 所示。

   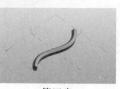

| 第一步 | 第二步 | 第三步 | 第四步 |

图 12-23　放样

6.放样融合:放样融合是由多个截面轮廓沿着指定路径进行的形状创建,该创建过程由路径和路径上设置的点图元开始。路径和点设置完成后,选择一个点,基于该点产生一个工作平面,在该工作平面上绘制封闭的或开放的草图轮廓。再选择另一个点,同样完成上述步骤后,同时选中所有绘制的草图轮廓和路径,单击"修改|线"选项卡—"创建形状"面板—"实

心形状"按钮,创建过程如图 12-24 所示。

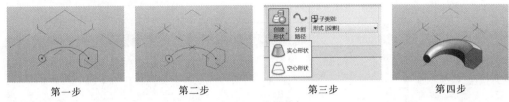

| 第一步 | 第二步 | 第三步 | 第四步 |

图 12-24　放样融合

12.2.3　体量参数

与族参数的添加方式相似,可以为体量赋予材质、尺寸以及其他数据参数,方便对体量模型进行参数化控制。具体方法参照族参数的添加方法,此处不再赘述。

12.2.4　有理化图形表面处理

在概念设计环境中,可以通过分割形状表面并在分割的表面上进行填充图案,将表面有理化处理成为参数化的建筑部件。有理化处理表面,可以丰富形体的表面肌理,使之满足建筑外立面的幕墙或者其他有重复肌理效果部件的要求。

对表面填充图案,首先必须对表面进行分割处理。通过分割表面工具新形成的表面只依附于形体,而不会取代形体本身的表面。

1.UV 网格分割

在概念设计环境中,可以通过 UV 网格分割表面,UV 网格对于填充图案和填充图案构件也具有限定作用。

(1)新建一个体量文件,如图 12-25 所示。

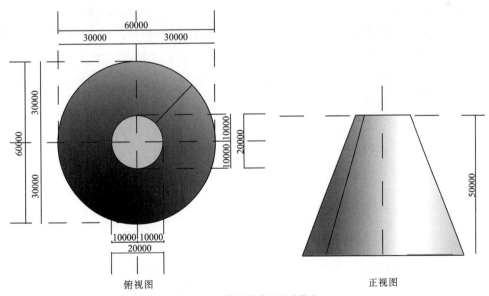

俯视图　　　　　　　　　　　正视图

图 12-25　体量形状和尺寸信息

（2）创建 UV 网格。创建形状后，单击选中体量表面，再单击"修改|形式"选项卡—"分割"—"分割表面"按钮，如图 12-26 所示。

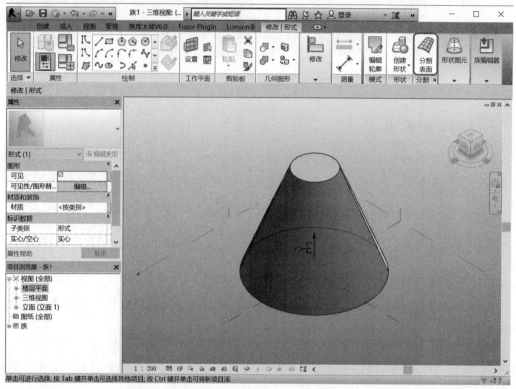

图 12-26　分割表面过程

（3）启用和禁用 UV 网格。UV 网格彼此独立，可以根据需要开启和关闭。默认情况下，分割表面后，U 网格和 V 网格都处于启动状态。单击选择分割表面，再单击"修改|分割的表面"选项卡—"UV 网格和交点"—"U 网格"按钮，则 U 网格被禁用，再次单击此按钮即可将其启用，如图 12-27 所示。

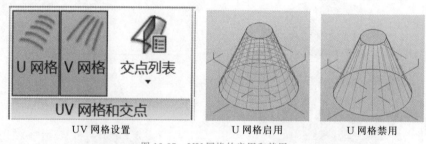

UV 网格设置　　　　U 网格启用　　　　U 网格禁用

图 12-27　UV 网格的启用和禁用

（4）通过选项栏调整 UV 网格表面。可以按分割数量或分割之间距离进行分割。选择分割表面后，选项栏会显示 U 网格和 V 网格的设计，如图 12-28 所示。

①按分割数分布网格：选择"编号"选项，输入将沿表面平均分布的分割数。

②按分割之间距离分布网格：选择"距离"选项，输入沿分割表面分布的网格之间的距离。"距离"下拉列表中除"距离"外，还有"最小距离""最大距离"选项。

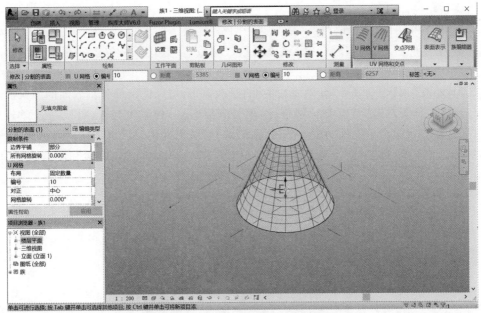

图 12-28　通过选项栏调整 UV 网格表面

注意："距离"代表的是固定距离,与实际分割的距离值一致。"最大距离"和"最小距离"指定了距离的上限和下限,实际被分割的距离不一定等于这个值,而只要满足这个范围即可。当指定了最大距离或最小距离之后,将确定在这个范围内的最多或最少分割数,然后根据分割数最终确定网格距离值,每个网格的距离值相等。

(5)通过"属性"栏调整 UV 网格。单击选择分割的表面,在"属性"各列表中调整 UV 网格参数值,其中大部分属性可以关联一个族参数来控制其参变,如图 12-29 所示。

图 12-29　调整 UV 网格

①所有网格旋转:修改"限制条件"列表下的"所有网格旋转"参数,可以同时控制 UV

网格的旋转角度。

②U网格和V网格:修改"U网格"或"V网格"列表下的参数,可以单独控制U网格或V网格的间距单位("布局"参数)、固定分割数("编号"参数)、网格位置("对正"参数)以及旋转角度("网格旋转"参数)。

③面积:在"面积"列表下"分割表面的面积"参数中,可以读取被分割表面的面积数据。

(6)通过"面管理器"调整UV网格。"面管理器"是一种编辑模式,可以在选择分割表面后,通过在三维组合小控件的中心单击"面管理器"图标来访问。选择后,UV网格编辑控件即显示在表面上,通过"面管理器",也可以调整UV网格的间距、旋转和网格定位,如图12-30所示。

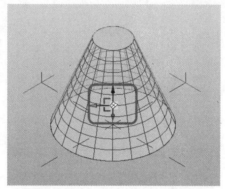

图12-30　通过"面管理器"调整UV网格

2.相交表面分割

除了通过UV网格来分割表面外,也可以使用相交的三维标高、参照线、参照平面和参照平面上所绘制的模型线来分割表面。这种分割方式与UV网格分割表面的区别在于,使用UV网格可以用网格距离或者分割数关联一个参数控制参变;而使用相交分割方式,则不具备这样的功能。

(1)使用三维标高和参照平面来分割表面,步骤如下:

①新建一个体量文件,通过旋转的方法创建一个球体,球体、参照平面和标高等的具体尺寸信息,如图12-31所示。

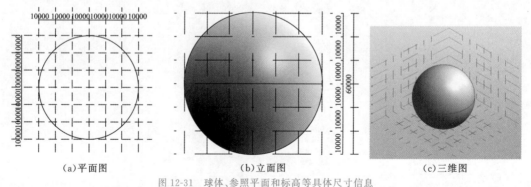

(a)平面图　　　　　　　(b)立面图　　　　　　　(c)三维图

图12-31　球体、参照平面和标高等具体尺寸信息

②在绘图区域单击选择一个外表面,单击"修改|形式"选项卡—"分割"面板—"分割表面"按钮,圆球下表面分割方式亦相同,如图12-32所示。

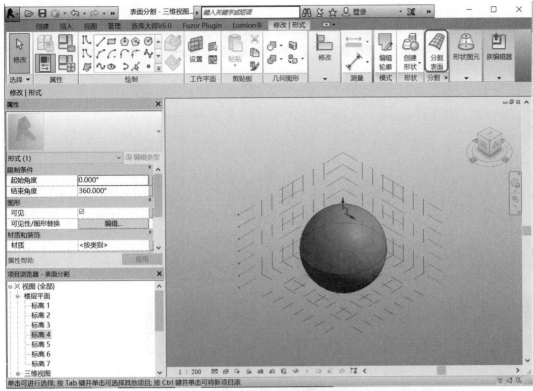

图 12-32　分割表面

③选择需要分割的表面,单击"修改"选项卡—"修改|分割的表面"面板—"UV 网格和交点"—"U 网格"按钮和"V 网格"按钮,则 U 网格和 V 网格被禁用;单击"交点"下拉列表—"交点列表"按钮,勾选全部参照平面后单击"确定"按钮,如图 12-33、图 12-34 所示。

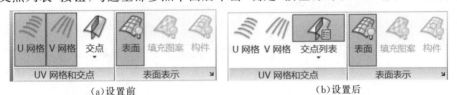

(a)设置前　　　　　　　　　　　　　　　(b)设置后

图 12-33　禁用 UV 网格

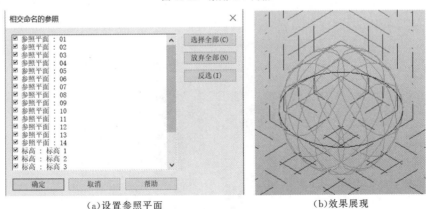

(a)设置参照平面　　　　　　　　　　(b)效果展现

图 12-34　打开交点列表

　　(2)使用模型线或参照线来分割表面。如果与形状相交的分割线为弧形或更加自由的形状,可以使用模型线或参照线来分割表面。步骤如下:

　　①新建一个体量文件,通过拉伸的方法创建一个长方体,长方体和参照线具体尺寸信息如图12-35所示。

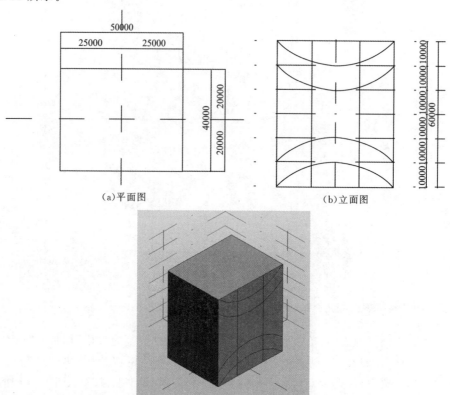

(a)平面图　　　　　　　　　(b)立面图

(c)三维图

图12-35　长方体和参照线具体尺寸信息

　　②在该长方体的一个表面上绘制所需的模型线或参照线。选择该表面,单击"修改-形式"—"分割"—"分割表面"⬛按钮,进行表面分割。

　　③选中该表面,单击功能区中"修改|分割的表面"—"UV网格和交点"—"U网格"按钮和"V网格"按钮,将U网格和V网格禁用;然后单击"修改|分割的表面"—"UV网格和交点"—"交点"下拉列表—"交点列表"按钮,可在表面上创建分割线,如图12-36所示。

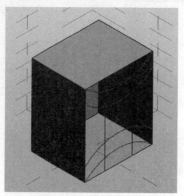

图12-36　利用模型线进行分割

④为了能看到网格线相交的节点,可单击"表面表示"面板右侧小箭头,在弹出的对话框中勾选"表面"选项卡中的"节点"复选框。另外,一旦上面的模型线或参照线删除,表面的分割线也会随之删除,如图 12-37 所示。

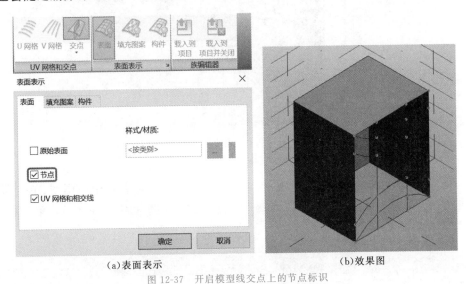

(a)表面表示　　　　　　　　(b)效果图

图 12-37　开启模型线交点上的节点标识

12.3 体量模型转化实体构件

本节知识点

12.3.1 从体量实例创建楼板

1.在体量中新建一个简易模型,尺寸信息,绘制完成后将其保存到相应文件夹中,如图 12-38 所示。

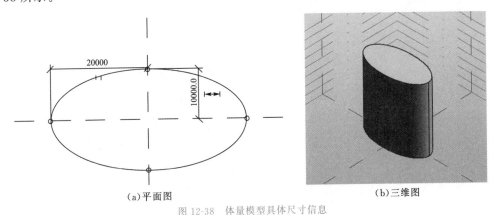

(a)平面图　　　　　　　　　　(b)三维图

图 12-38　体量模型具体尺寸信息

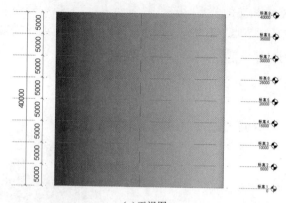

（c）正视图

续图 12-38　体量模型具体尺寸信息

2.新建项目,载入该体量模型,调整标高和载入体量的位置。选中该模型,单击"修改|体量"选项卡—"模型"面板—"体量楼层"按钮,选择全部标高后单击"确定"按钮,如图 12-39 所示。

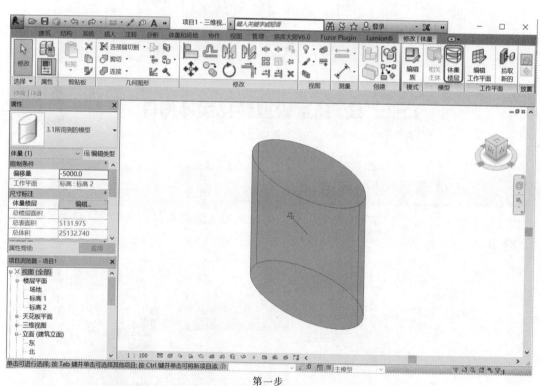

第一步

图 12-39　创建体量楼层

第二步

续图 12-39 创建体量楼层

3.单击"体量和场地"选项卡—"面模型"—"楼板"按钮,如图 12-40 所示。

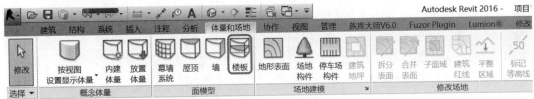

图 12-40 体量楼板

4.在"类型选择器"中选择合适的楼板类型,在绘图区域内选择所有新建的体量楼层,然后单击"创建楼板"按钮,完成体量楼板的创建,如图 12-41、图 12-42 所示。

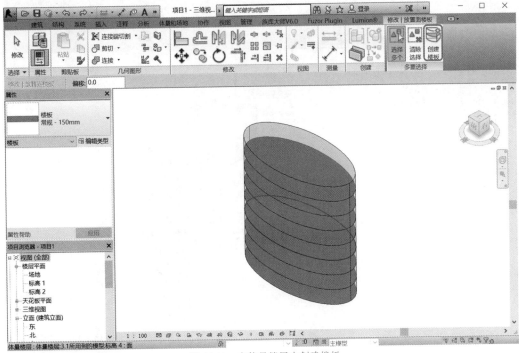

图 12-41 在体量楼层中创建楼板

图 12-42 体量楼板创建完成

12.3.2 从体量实例创建墙体

1.单击"体量和场地"选项卡—"面模型"面板—"墙"按钮,在选项栏上的"定位线"下拉选项中选择"面层面;外部",在"类型选择器"中选择合适的墙体类型,单击体量表面,即可在该表面添加墙,如图 12-43、图 12-44 所示。

图 12-43 体量墙体

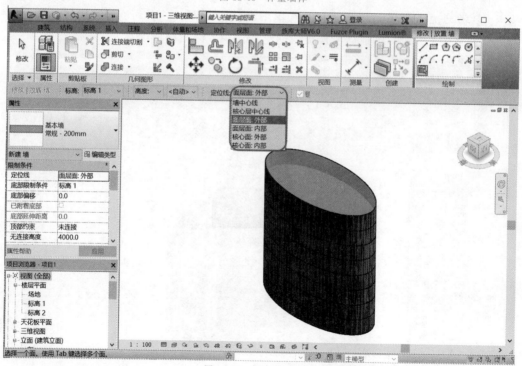

图 12-44 创建体量墙体

2.在该模型中选择多个面后,单击右键"取消"选项退出绘制任务,墙体创建完成,如图 12-45 所示。

图 12-45 体量墙体创建完成

12.3.3 从体量实例创建屋顶

1.单击"体量和场地"选项卡—"面模型"面板—"屋顶"按钮,并在"类型选择器"中选择合适的屋顶类型,如图 12-46 所示。

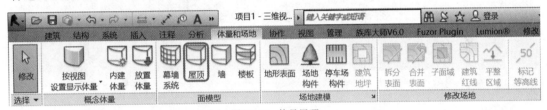

图 12-46 体量屋顶

2.选择该模型顶面层,单击"修改|放置面屋顶"选项卡—"多重选择"面板—"创建屋顶"按钮,完成后按"Esc"键退出,如图 12-47 所示。

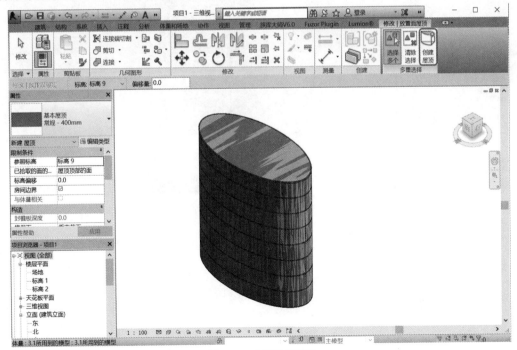

图 12-47 创建体量屋顶

12.3.4 从体量实例创建幕墙系统

1.新建项目，载入该体量模型，调整标高和载入体量的位置。单击"体量和场地"选项卡—"面模型"面板—"幕墙系统"按钮，如图 12-48 所示。

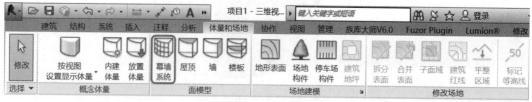

图 12-48　幕墙系统

2.在"类型选择器"中选择合适的幕墙系统类型。在该模型中选择要添加到幕墙系统中的面，单击"修改|放置面幕墙系统"选项卡—"多重选择"面板—"创建系统"按钮，完成后按"Esc"键退出，幕墙创建完成，如图 12-49 所示。

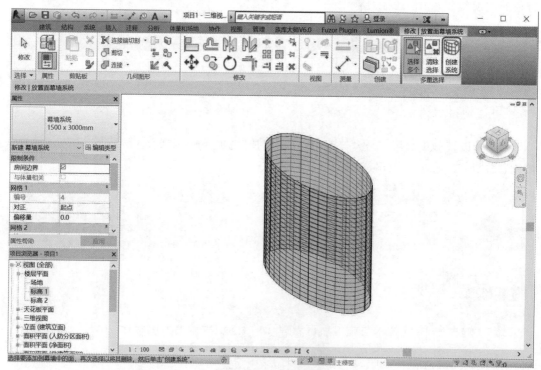

图 12-49　创建幕墙系统

参考文献

[1] 中华人民共和国住房和城乡建设部.GB/T51235—2017 建筑信息模型施工应用标准 [S].北京:中国建筑工业出版社,2017.

[2] 中华人民共和国住房和城乡建设部.GB/T51212—2016 建筑信息模型应用统一标准 [S].北京:中国建筑工业出版社,2016.

[3] 中华人民共和国住房和城乡建设部.2016—2020 年建筑业信息化发展纲要 [R].2016.

[4] 冯小平,章丛俊.BIM 技术及工程应用[M].北京:中国建筑工业出版社,2017.

[5] 刘荣桂.BIM 技术及应用[M].北京:中国建筑工业出版社,2017.

[6] 陈长流,寇巍巍.Revit 建模基础与实战教程[M].北京:中国建筑工业出版社,2018.

[7] 张玉琢,张德海,孙佳琳.BIM 技术应用基础[M].北京:清华大学出版社,2020.

[8] 张玉琢,马洁,陈慧铭.BIM 应用与建模基础[M].辽宁:大连理工大学大学出版社,2019.

[9] CBIM Handbook [M].Now York:John Wley & Sons,2011

[10]何关培.如何让 BIM 成为生产力[M].北京:中国建筑工业出版社,2010.

[11]李久林.大型施工总承包工程 BIM 技术研究与应用[M]北京:中国建筑工业出版社,2015.

[12]李久林.智慧建筑理论与实践[M].北京:中国建筑工业出版社,2015.

[13]欧阳东.BIM 技术:第一次建筑设计革命[M].北京中国建筑工业出版社 2013.

[14]李建成.BIM 应用导论[M].上海:同济大学出版社,2015.

[15]工信部电子行业职业技能鉴定指导中心.BIM 应用案例分析[M].北京:中国建筑工业出版社,2016.

[16] 丁烈云.BIM 应用施工[M].上海:同济大学出版社,2015.

[17]刘占省.BIM 技术与施工项目管理[M].北京:中国电力出版社,2015.

[18] 廖小烽,王君峰.Revit2013/2014 建筑设计火星课堂[M]北京:人民邮电出版社,2013.

[19] 何关培.BIM 总论 [M].北京:中国建筑工业出版社,2011.

[20] 中国城市科学研究会.绿色建筑 2011[M].北京:中国建筑工业出版社,2011.

[21] 张玉琢,王庆贺,房延凤.BIM 概论[M].辽宁:大连理工大学大学出版社,2021

[22] 姜曦,王君峰.BIM 导论[M].北京:清华大学出版社,2017.

[23] 秦军.Autodesk Revit Architecture 201×建筑设计全攻略[M].北京:中国水利水电出版社,2013.

[24] 欧特克软件(中国)有限公司构件开发组.Autodesk Revit 2013 族达人速成[M].上海:同济大学出版社,2013.

［25］任江,吴小员.BIM 数据集成驱动可持续设计[M].北京:中国机械工业出版社,2014.

［26］李建成,王朔,杜嵘.Revit Building 建筑设计教程[M].北京:中国建筑工业出版社,2006.

［27］李建成,卫兆骥,王诂.数字化建筑设计概论(第 2 版)[M].北京:中国建筑工业出版社,2015.

［28］何关培.那个叫 BIM 的东西究竟是什么 2[M].北京:中国建筑工业出版社,2012.

［29］刘照球.建筑信息模型 BIM 概论[M].北京:机械工业出版社,2017.